消極性デザイン宣言

消極的な人よ、声を上げよ。
……いや、上げなくてよい。

目次
contents

―まずＳＨＹ（シャイ）より始めよ―

燕の昭王は優れた人材の集め方を、ＳＨＹな説客の郭隗に聞いた。郭隗は答えた。「まず私を尊重してください。そうすれば、あのＳＨＹな郭隗でも尊重してくれるのだから、私にもやっていけると思って賢人が集まってきます。」昭王はこれを容れて郭隗を師と仰ぎ厚遇した。郭隗の言う通りに、燕には優れた人材が続々と集まった。

～戦国策、燕策の故事から超訳

はじめに

栗原一貴

本書を手にとってくださったあなた、どうもありがとうございます。まずは、次に羅列されたキーワードを眺めてみてください。

コミュ障、キョロ充、コミュ充
オラオラ、ウェーイ、合コン
オタク、陰キャラ、空気読め
既読つかない、既読スルー、ＳＮＳ疲れ
社畜、リーダーシップ、意識高い系
努力、根性、忍耐
やる気スイッチ、無気力、草食系

現代にはろくでもない言葉があふれています。これらの言葉のうち、一つでもあなたの胸に刺さる言葉があったでしょうか。もしあなたの答えが「ＹＥＳ！」であったならば、幸いです。本書は、そんなあなたのために書かれたものです。
これらの言葉は、主に「消極性」「積極性」という言葉に関係するものです。本書では特に「消極性」を扱います。ここで私たちが扱う「消極性」というのは、対人コミュニケーションに対する苦手意識や、物事に対する「やる気」のなさ、のことです。

消極的なのはいけないこと？

昔から、消極的であるというのは社会の中で否定的にとらえられ、嫌われたり、訓練で解消することを強制されたりしてきました。しかしインターネットが発達した今、状況は変わってきました。ＳＮＳ（ソーシャル・ネットワーキング・サービス）のおかげで、我々の人付き合いはかつてない規模で広がりました。また、ニュース、動画、ゲームなど、消費したり処理しなければならない情報が爆発的に増えています。

そのような現代において、いわゆる「コミュ症」と呼ばれる人はもちろん、どんなにコミュニケーションが堪能な人でも、いついかなるときでもコミュニケーションに積極的であることは難しいと思います。あまり興味のない人たちから会合への参加を求められたり、またとても親しい人からであっても、生活を乱されるほど過度に干渉されたり……。

ＳＮＳが普及すればするほど、人とのつながりが増えれば増えるほど、煩わされることも顕著になります。

また、どんなに精力的な人でも、いついかなるときも、どんな対象に対してもやる気にあふれているかというと、そうではないでしょう。スマートフォンをはじめとして、情報通信機器はあなたの生活から時間を際限なく奪っていきます。現代人はかつてない難易度で、自分の健康を守るため、または自己実現のために、やる気と時間の厳しい自己管理を求められています。あなたも気乗りのしない会話や、疲れているときにスマートフォンに届く情報への対応に辟易する毎日ではありませんか？

「消極性は悪いこと、直すべきこと」という昔ながらの考えはもう捨てなければなりません。つまり、現代人は常に積極的であることはもはや難しく、自分の中にある「消極性」とうまく折り合いをつけて生きていかなければならないのです。私たちは、積極的・消極的であることというのは、天気と同じように気ままに移ろうもの、予測不能であまりあてにならないものと考えます。そのような不確かなものですから、積極性や消極性に左右されずに、多様な人々が共存できる社会こそ目指すべきです。それを支援する研究活動および社会提言を行うことが私たち「消極性研究会」のミッションです。一言でまとめると、「消極性のユニバーサルデザイン」を思想啓蒙しています。

SHY HACKしよう！

本書では、対人コミュニケーションに対する苦手意識、および物事に対する「やる気」のなさのそれぞれについて、ついついうなづいてしまうような具体的な事例を次々に取り上げて分析し、あの手この手で解決方法を探っていきます。これは消極性をハックすること、つまり「SHY HACK（シャイハック）」です。

シャイハックを通じて、私たちは三つのメッセージをみなさんにお届けしたいと思っています。一つ目は、誰しも何らかの消極性を抱えていて、それと向き合うことは大切だということ。二つ目は、消極性に配慮するとは、人間そのものではなく人間をとりまく環境をデザインによって変えることであるということ。そして三つ目は、あなたもそのデザイナーになれるということです！

本書は次の五名のメンバーで執筆しました。ユーザーインタフェースデザイン、コミュニティデザイン、ゲームデザインなどの領域の第一線で戦っており、今後も目が離せない集団であると自負しています。

栗原一貴（津田塾大学准教授、Diverse技術研究所上席研究員）
―物議を醸す情報科学者。「おしゃべりが過ぎる人を邪魔する銃」の開発で二〇一二年イグノーベル賞受賞
―http://unryu.org

西田健志（神戸大学准教授）
―消極性研究領域の開祖的存在。学会における研究者交流システムの開発運用実績が豊富
―http://www2.kobe-u.ac.jp/~tnishida/index-jp.html

濱崎雅弘（産業技術総合研究所主任研究員）
―ニコニコ動画における二次創作文化の解析など、コミュニティデザインに造詣が深い
―https://staff.aist.go.jp/masahiro.hamasaki/

簗瀬洋平（ユニティ・テクノロジーズ・ジャパン合同会社、慶義塾大学大学院メディアデザイン研究科付属メディアデザイン研究所）
―ゲームデザイン研究者。『ワンダと巨像』(※1)、『魔人と失われた王国』(※2)などに携わる
―http://bit.ly/yanace

渡邊恵太（明治大学准教授）
―著書に、『融けるデザイン―ハード×ソフト×ネット時代の新たな設計論』(※3)がある
―http://www.persistent.org/

本書の構成について紹介します。第一章から第三章まではコミュニケーションに関する消極性を扱う章です。

第一章「『やめて』とあなたに言えなくて」では、対人コミュニケーションで最も基本となる、一対一もしくは一対少数のシチュエーションを扱います。そのような場で消極的な人が陥りがちな危機を事例を挙げて解説し、なぜそのような危機が生まれるのか、その危機はどのようにデザインで解消されるのかを述べます。いうなれば「コミュニケーション自衛兵器」についての話です。イグノーベル賞受賞研究である「おしゃべりが過ぎる人を邪魔する銃：SpeechJammer（スピーチジャマー）」をはじめ、さまざまな奇想天外な発明品が登場します。

第二章「考えすぎを考えすぎよう」では、たくさんの人が集まるイベントなどにおけるコミュニケーションを扱います。イベントを主催する積極的な人たちがそういった消極的な人たちのことを想って用意してくれる、コミュニケーションをうながすための工夫の数々がかえって参加を難しくしてしまう、的外れな支援になってしまいがちです。こうしたすれ違いの悲劇を生んでしまう主たる原因が「消極的な人は考えすぎる人」だと気づいていないことにあり、その気質に配慮してイベントやシステムのデザインを行うことが本当の意味でのコミュニケーション支援につながるということを、具体的なイベント事例を取り上げながら解説します。

第三章「共創の輪は『自分勝手』で広がる」では、複数の人間が力を合わせて何かを作る営み、「共創」について扱います。「ホウ・レン・ソウ（報告・連絡・相談）」などと言われるように、チームで成果を上げるにはしっかりとした組織構成、および構成員間の密なコミュニケーションが重要だと世の中では思われています。当然の結果として、コミュニケーションに消極的な人はそのような組織においては評価が低くなる傾向にあります。さてここで、「構成員が自分勝手であるほど全体の成果が上がる」業界があると言ったら驚かれるでしょうか？　本章ではこの奇妙な現象について、世界に先駆けて日本で特異的に発達している「ニコニコ動画」における創作文化を分析することで明らかにします。

続く第四章から第五章は、モチベーション（やる気）に関する消極性を扱う章です。

第四章「スキル向上に消極的なユーザーのためのゲームシステム」では、主に満足感とモチベーションについて扱います。数値による評価が可能なジャンルでは、ランク付け、順位付けなどによって競争を生み、成績を向上させようという試みが見られます。しかし、たとえば全員が一様に成績が向上した場合、評価者にとってそれが好ましい状態であるにも関わらず、競争者にとっては満足を生まない、などといった矛盾が生じます。これらの仕組みは上位層が上位を保つ、もしくは下位層がそこから脱するためのモチベーションとしては機能しますが、トップを狙えるほどでもない、かといって下位でもないという層にはあまり効果を発揮しません。そういった層にモチベーションを持たせるには、今より上のビジョンを描かせ、そこに近づいているという実感を与えることが必要です。錯覚の成功体験を与えることによりモチベーションを維持し、結果として成績を向上させるというシステムを持った「誰でも神プレイできるシューティングゲーム」や「誰でも神プレイできるジャンプアクション」などを元に、いたずらに競争を煽るのではなく、それぞれのペースで成績の向上を噛みしめながら歩める社会について考察します。

第五章「モチベーションのインタラクションデザイン」では、日常生活における「面倒くささ」「物を使うこと」という観点から人の消極性について考えていきます。この章でとても大事なことは、人は基本的に消極的であるという立場です。やる気を出そうとか、行動をかき立てて問題を解決しようという話ではないことです。そして、人は消極的だからこそ、施さなければならない仕組み、デザインがあるのだという話です。特に、インタフェースデザインやインタラクションデザインの観点から考えていきます。

そして最後に、消極性の「伝道師」こと西田さんによる総括があります。さらにさらに、本書巻末には特別企画として、執筆メンバーによる座談会の様子を収録しました。

それでは、いよいよはじめましょう！

※1：『ワンダと巨像』、PlayStation2および3用ゲームソフト
二〇〇五年、ソニー・コンピュータエンタテインメント

※2：『魔人と失われた王国』、Xbox 360およびPlayStation3用ゲームソフト
二〇一一年、バンダイナムコゲームス

※3：『融けるデザイン―ハード×ソフト×ネット時代の新たな設計論』
二〇一五年、ビー・エヌ・エヌ新社

シャイ子とレイ子 #0

これからの第一章から第五章までは、好きな順でお読みいただいてかまいません。消極性研究会の色濃いメンバーが最先端の研究成果、はたまた自身の奥深い経験談を語り尽くします。ある意味スパルタ教育ですが、安心してください。みなさんとともに消極性を学んでいく助っ人メンバーをご紹介します。

いつも努力が報われないシャイな女子大生のシャイ子さんと、何事も要領よくこなすが自分で思っているほどイケてはいない女子大生のレイ子さんです。

シャイ子さん

レイ子さん

消極性、すごく惹かれる言葉なんですけど、正直どこから勉強を始めればよいのやら。

大丈夫！　私にまーかせなさーい。実は前の学期に『消極性概論』の単位はとってあるのよ！　はい、教科書。

あ、ありがとう。……どうせ、あの気弱そうな成績優秀男子に媚びて課題はほとんどやってもらったんでしょ？　その講義。

どきっ！　実際のところ講義内容は全然覚えてないわ！　でも、単位は単位！　コミュ力も実力のうちよ。いつも一人でウジウジ悩んでるあなたには無縁の話ね☆

ぐぬぬ……。

わたし、この本を読んで生まれ変わるんだから！

へぇ、たいそうな意気込みね。そんなにタメになる内容だったかしら。まあいいわ、付き合うよ、ヒマだし。

第1章

「やめて」とあなたに言えなくて

一対一もしくは一対少数のコミュニケーション

栗原一貴

1.1 告白

私は合コンが嫌いなんです。

初対面の複数の男女。「ウェーイw」という言葉が似合うような、ノリの良い人が「仕切り」出し、それに合わせなければいけないプレッシャー。ノリの良い人が仕切れば、それなりに場はあたたまる。でも、私はそれにうまくなじめない。テンポの良いみんなの会話の流れを断ち切りたくないから、ついつい黙りこんでしまう。かといって、この場から退出するには、全体の人数が少なすぎる。本当はもっとじっくり、みんなと一人ずつ話がしたいのに。

もちろん、できることなら異性とカジュアルに遊びたい、という気持ちがないわけではない。常にお付き合い、常に結婚と考え過ぎるのは、誠意を飛び越えて「重すぎる」ということは、血と汗と涙により学んできた。でもどうして、初対面の男女があのくらいの人数で集まると、ああいう雰囲気になるんだろう？　もっと違うコミュニケーションがしたい。そう願うのは、間違いなのでしょうか。

私は合コンが嫌いなんです。でも不思議でした。私はどちらかというと、元来人懐っこい性格のように思います。初対面の人でも、一対一で話すのは（もちろん緊張もありますけど）どちらかというとステキな体験だと思っています。また、スピーチやプレゼンテーションのような、大勢の前で話をするのも、（これももちろん大変緊張しますが）結構ドキドキワクワクします。この二つのシチュエーションのちょうど真ん中、つまり二〜五人くらいの初対面の人と話す場、いわゆる「合コン的シチュエーション」に対して、本当に苦手意識を持っています。

人とコンピュータシステムの関係を考える

私は情報科学を専門にする研究者です。コンピュータシステムをどのようにデザインすれば人々の役に立つか、人類を笑顔にし、豊かにするか、などを考える「ヒューマン・コンピュータ・インタラクション」という研究領域を扱っています。この分野の成果でみなさんの生活になじみ深いのは、携帯電話（スマートフォン）のデザインです。携帯電話は、立派なコンピュータの一つです。昔のコンピュータは大きくて持ち運びができなくて、人々は机に向かって椅子に座った状態で使うことを強いられていました。コンピュータと人間との情報のやりとりの仕方も、座って作業するのに適したマウス、キーボード、ブラウン管のディスプレイといったものを用いた方法でした。その後の技術革新によりコンピュータは小型化し、高性能化し、持ち運びもできるようになりました。やがて携帯電話の制御用としてコンピュータが組み込まれるようになり、普及が進むと、「人々がコンピュータを持ち歩く時代」が到来します。電話専用ではもったいない。もっと他の用途でもこの道具を活用しよう、ということになってきます。

さて、そこで疑問です。持ち運びできる小型なコンピュータとの情報のやりとりに適するのは、マウスやキーボードを用いた従来と同じ方法でしょうか？　違うはずです。たとえば、タッチスクリーンや音声入力を用いることによって、移動中でも情報のやりとりがしやすいような方法が発展してきています。

コンピュータはハサミや金槌といった従来の道具とは違って決まった形がないので、設計者が自由自在に形や見た目をデザインできます。一方で、コンピュータのできることというのはあまりに多すぎて、「一目見ただけで使い方がわかる」という状態にすることが難しい道具でもあります。「どのようにコンピュータシステムをデザインし、人間の生活になじませるか？」これを解決するのは、私たちヒューマン・コンピュータ・インタラクション研究者の課題なのです。

コミュニケーションの主役は誰だ？

さて、いまやコンピュータは計算だけでなく、人々のコミュニケーションを支援する道具として活用されています。むしろ人々がコンピュータを用いる用途のほとんどは、コミュニケーションのためと言ってもいいかもしれません。よくデザインされたシステムによってコミュニケーションは豊かになり、悪いデザインのシステムではトラブルが起こります。SkypeやFaceTimeなどのインターネットテレビ電話システムが人類にもたらした功績を疑う人はいないでしょう。一方で、LINEなどのチャットアプリにおいて、ある発言を他人が読むと「既読」と発言者に通知される機能により、発言が読まれたのにもかかわらず返事が得られない不快感、発言を読むと返事をすぐ返さなければいけない圧力への不快感などから、「既読スルー」といったコミュニケーショントラブルが表面化しています。現代の私たちのコミュニケーションは、その手段・道具であるコミュニケーションツールによって、少なからず、あるいは時に夜も眠れないくらいの影響を受けているのです。

私は研究者、システム設計者として、「コンピュータシステムは、人々のコミュニケーションの仕組みを変えてしまう力を持っている」ということを信じています。ですが残念なことに、もともとコミュ力の高い人がますますSNSで人脈を広げ、逆にSNSですら孤立してしまう、退会してしまう人々を多く目にするにつけ、現状ではコンピュータシステムは、人々のコミュニケーション能力の格差を拡大する方向に使われているような気がしてなりません。もっと、弱い人に優しいコンピュータシステムのあり方があるはずです。それを実現するコンピュータシステムのデザインとは何でしょうか？　これから少し考えてまいりましょう。

1.2 いち、に、いっぱいのコミュニケーション学

社会か、人か、自分か

「合コンが苦手」という、自分の抱えたコミュニケーションに対するいびつな苦手意識に向き合っているうちに、私はいつのまにかコミュニケーションの研究に没頭していました。そして、これまでの（短い）人生経験から、独自に「人間の三分類」をするに至りました。もしかしたら哲学者や社会学者や心理学者が似たような、もっと偉大なことをずっと昔に提唱しているのかもしれませんが、あくまで「栗原式」と思ってお聞きください。

次のように、人間を大きく三種類に分類してみます。

・「社会」が好きな人
・「人」が好きな人
・「自分」が好きな人

好きであるということは、依存しているということでもあり、その人の弱点ととらえることもできます。

「社会」派の人は、人間を統計的、集団的に見ることができる人です。人間を類型化し、特定の行動パターンを当てはめます。男はこういうものだ、女はこういうものだ、今の若者は、年寄りは……と考え、信じられる人です。流行に敏感です。社会や組織の構造を当然のものと思っています。それにもとづいて人を尊敬もするし、蔑みもします。世間体、つまり不特定多数の「世間の目」を気にします。

「人」派の人は、今自分が面と向かっている人、その一人ひとりに無限の可能性を信じることができる人です。基本的にすべての人間を平等に扱い、個人の尊厳を重んじます。人間を型にはめ込んで扱うことがないので、対人コミュニケーションは偏見のないものになりますが、前提や決め付けのない状態からの対人コミュニケーションにはさまざまな余分な配慮のエネルギーが必要です。魂と魂のぶつかり合いになります。人情派で、情に流されやすいです。

「自分」派の人は、他人に関心がない人です。自分に圧倒的な才能や資産があり、他人の顔色を見る必要がない人や、世捨て人や仙人のように孤独を愛する人、はたまた自分が一番で他人がどうなろうと一切かまわない、という自己愛にあふれたサイコパス的な人です。一切他者の介入を許さないほどの過剰な自意識を持つ場合もあるかもしれません。人を惹きつける力がある人は「社会派」の頂点に立ち、ない人は隠遁生活を送ります。

あなたは何派？

そんなに人間は単純じゃないよ、というご意見はごもっともです。あなたの内面に、この三種類の意識が同居していてもおかしくありません。ここでは難しいことはおいておいて、一人の人間の内面にある対人意識のあり方を、その執着対象によってざっくりと三つに分けて、どの意識が比較的強いかにもとづいて論じよう、というくらいの気持ちで進めます。

ある人がこの三つの分類のうち、どこに属するのかは、次の質問によりおおよそ判定できます。みなさんもご自身について答えてみてください（答えなくてもいいです）。

目の前に次の人数の初対面の人がいるとき、あなたは話をするのがどれくらい苦手、または得意ですか？　それぞれについて十段階評価でお答えください。

（1）一対一で話す
（2）四〜五人で話す
（3）大勢の前で話す（スピーチやプレゼンテーションを想像してください）

さて、あなたの答えはいかがでしたか？

まず図1のように、相手の人数によって自分の性格や接し方が全然変わらないという人たちがいます。いつでもブレない自分というものをちゃんと持っている人です。自信家でありますが、それは他者への優位性によって成り立つ相対的なものではなく、単純に自分のあり方に何も疑問を持っていないということです。この人たちは、(本人にやる気があれば)FaceBookなどの不特定多数発信型SNSでも大活躍できます。ただ一つの自分のパーソナリティを惜しみなくメディアでも発信することができる人たちです。おそらく、コミュニケーションに対して疑問を感じたりすることもないのではないでしょうか。こういう人たちは「自分」派ですね。ある意味超越的存在ですので、支援も必要ないですし、きっと世の中でうまくやっていけますから、詳しい

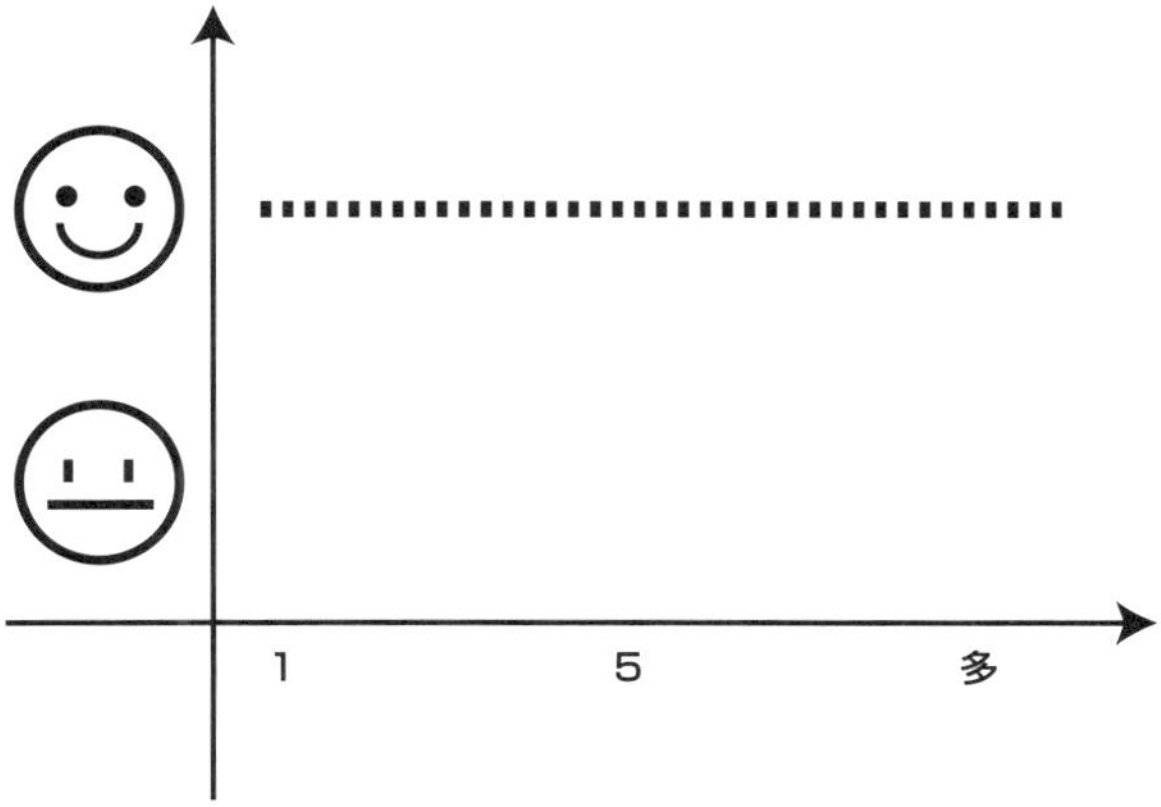

図1「自分」派の人の対人コミュニケーション意識

分析は割愛します。

「みんな」を見る人

次に、図2のように、相手の数が増えるほど緊張する、という人たちがいます。人の数が増えるほど、聴衆全体を満足させる可能性が減るから、不安になります。

こういう人たちは「社会」派ですね。「コミュニケーション攻略法」「SNSでモテる10の秘訣」「プレゼンテーション術」のような理論が好きではないでしょうか。コミュニケーションの成功確率を少しでも上げられるなら、なんでもやります。Facebookには、食事や旅行の写真などをアップして、効率的に活用します。社会派の人は、人が集まるとその集団の構成員一人ひとりに個別の人格を

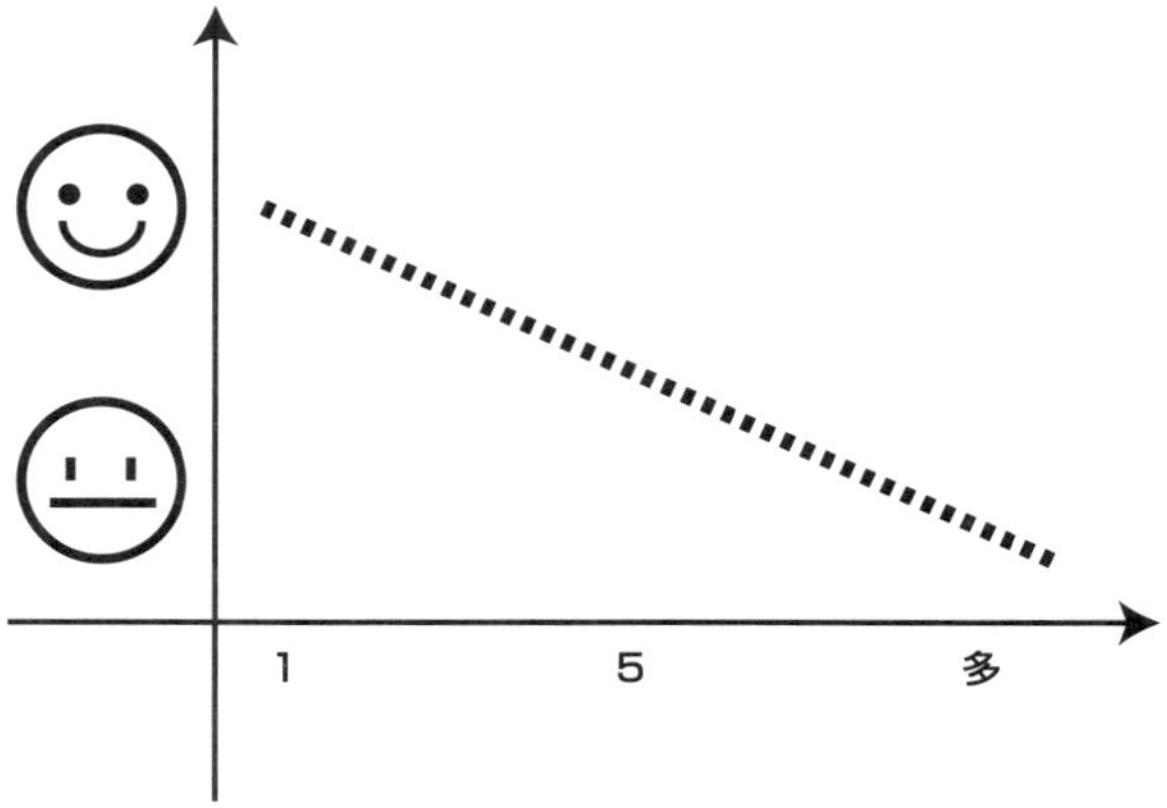

図2 「社会」派の人の対人コミュニケーション意識

想定しません。「どうせ、人はこういうふうに反応するんでしょ」というように標準的人間像を仮定していて、あくまで「標準的人間集団と私」として接します（図3）。社会派の人に恋愛相談すると、「人間は大勢いるんだから、もっとたくさんの人に出会って、たくさん恋したら？」と言われることでしょう。

「あなた」を見る人

最後に、図4のように苦手意識がV字を描く、変な人たちがいます。私が思う消極的な人の方向性の一つが、この「人」派です。そして、何を隠そう私自身もこの派閥に属しています。

「人」派の人たちは、一対一の魂のこもったコミュニケーションならば、なんとか他人

図3 「社会」派の人たちは人間集団を統計的にとらえる

と意思疎通できるんじゃないか、と信じています。いや、信じたいと思っています。でもそれは、全身全霊をかけて、たった一人の相手と向き合ってようやくできるかできないかというところ。コミュニケーションの相手が一人増えるだけで、難しさが格段に上がってしまいます。

ですから、合コン的人数のとき、とてもつらいんです（ちなみに恋愛になると、よく「おまえは重い」って言われます）。一人ひとりに全身全霊をかけて挑もうとするから、仕方ないのです。FaceBookなどのSNSでも、自分の出し方にとても困ります。自分が見せたい自分の形は相手によって変わってくるから、一斉に知り合い全員に見せたい一つの自分というのがなかなか決めにくいんです。

「人」派の人たちは、人間の個人の尊厳を

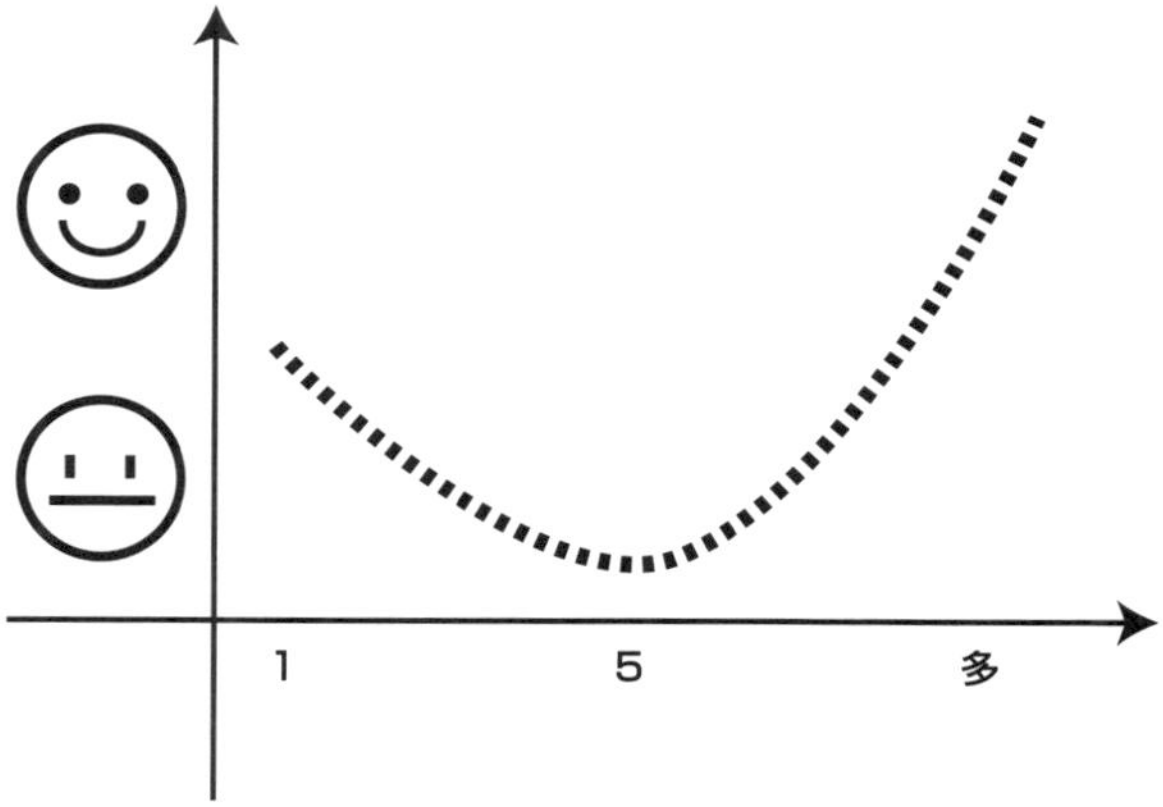

図4 「人」派の人の対人コミュニケーション意識

ものすごく大切にしているのだと思います。人が集まったとき、その人たちを「烏合の衆」とはとても思いません。十人十色、標準的な人間像を想定して接するようなやり方なんて失礼すぎると思っています。一人ひとりを大切にしなければと思ってしまいます。だから少し人数が増えただけで破綻してしまうのです。

「でもそんな調子じゃあ、もっと大勢の前で話すときはさぞやつらいだろうに、どうして?」と思う人も多いと思います。それには、こういう理由があります。「人」派の人は、たくさんの人たちを目の前にすると、ふっきれるというか、スイッチが切り替わります。こんなにたくさんの人が静かに、自分の話を聞いてくれている、それだけでとても嬉しいと感じるんです。「人」派の人たちは「社会」派の人たちのように、「より多数のみなさんの賛同や共感を得たい」なんて贅沢なことは思わないんです。人の考えなんてとても多様で予想が難しいです。ですからもっと謙虚に、「この中で一人でも私の話を興味をもって聞いてくれていたら、それで幸せ」、そう考えているのです(図5)。対象が何人であろうと、「私はこの話を、他でもない、私の話に興味を持ってくれているあなたに、直接面と向かって話すように伝えています」という気持ちで、話しています。

話し相手の人数が増えれば増えるほど、その特別な一人は確実に見つけられます。だから、大勢のほうがいいと感じます。そういうわけで、大勢の前で話すのがそれほど(あくまで比較的、ですが)苦ではなくなるのです。

「あなた」のための発明

ここまで聞いてきて、「栗原、お前は矛盾している！」と思ったあなた、スルドイですね。私は「人」派であり、人間を型にはめた付き合いはしないと言っておきながら、今こうやって人間を三分類しています。でもそれは、よく言えば私が専門家として成長した、そして裏を返せば「人」派として大切なものを失ってしまった、などとご理解いただければありがたいです。人間は成長もするし、変化もします。その時々で、自分の内面で優位になっている意識が変わっていても、なんら不思議はないと思います。

さて、このような分類によって、一対一や一対少数、一対多数のコミュニケーションで苦手意識を持っている人たちの内面を少し述

図5 「人」派の人たちは大勢の人の中で誰か一人でも理解してくれれば幸せと感じる

べてきました。その上で、現在のコンピュータシステムやサービスがそういう苦手意識をどう支えてくれているか考えてみましょう。

FacebookやLINEなどのSNSはあなたを幸せにしていますか？　確かにいくらでも多くの人とコミュニケーションをとれるようにはなりました。それで幸せな人、幸せな自分もいます。一方でSNSは、自信のない「社会」派の人たちを絶え間ない（「私のほうが充実していて幸せなのよ！」をアピールする）マウンティング競争で疲弊させ、丁寧に一人ひとりと交流したいと考えている「人」派の人たちの時間と努力を際限なく奪うことで、疲弊させているのではないでしょうか。

「人」派を標榜する私が本書で担当するのは、一対一、および一対少数の対面コミュニケーションにおける苦手意識について、です。ずばり、「『やめて』と目の前にいる人に言えないときにどうするか」というピンポイントな課題に絞った、四つの発明を紹介します。

1.3 「やめて」というための自衛兵器

これはマナーの問題ですね

消極的な人がよく直面する問題として、公共の場所でのマナーに関するものがあると思います。

「図書館では静粛にしましょう」
「車内では携帯電話をＯＦＦにしましょう」
「優先席は必要とされている方に譲りましょう」
「他人の携帯電話ののぞき見はやめましょう」

マナーが制定されるということは、違反する人が多く、不快に感じる人が多いことを表しています。また一方で、マナーというのは通常は「罰則のないルール」です。そのため、包括的に取り締まる労力が莫大なわりに、内容が軽微であることをいいことにマナー違反は横行します。私はこれが許せません。マナーとして万人に強制させるなら、カジュアルかつ事務的に指摘できて、違反している人も「いけね、ごめんね★」で済ませるくらいに、笑顔で相互理解ができるような社会って実現できないものですかね。

そもそもマナーというもの自体が私はあまり好きではないのです。いち技術屋としては、「なんでもマナーに押し付けるのは、社会の仕組みを作る側や技術的解決を目指す側にとっての敗北」くらいに思っています。

脱・マナー依存社会に向けて

私の理想とする社会は、技術や心理学的な工夫によって、特に人間が意識しなくてもマナーに相当するものが自然と達成されている状態です。もちろん、どんな制度も厳密にすればするほど、いわゆる管理社会的弊害が出てくることは承知しています。しかもそれが強制ではなく、市民にとって無意識的に達成されているとしたら薄気味悪いとすら感じるでしょう。

たとえば、こんにちでは多くの人がカーナビゲーションや乗り換え案内アプリを用いて移動していますが、もしこれらの開発会社が「社会全体での移動にかかるエネルギーの削減」「運動の習慣をつけることによる国民の健康増進」などの「美しく正しい」基準にもとづき、あなたに徒歩での移動をうながしたとしたらどうでしょう。正攻法で「徒歩の移動をしましょう！」とスマートフォンに通知されるならまだましで、時にイライラすることもあるものの、反抗もできます。そうではなくてこっそりと周到にあなたの移動ルートに徒歩移動が組み込まれて「最適ルート」として提示される仕組みだってあり得ないとは限りません。その場合、あなたはその隠れた意図に気づくことすらできないでしょう。

生身の人間とはちがい、技術、特に情報技術は、管理者・統治者の人間が決めたルールを本当に厳密に執行する強制力を持っています。また、デザインを工夫することにより、当の本人に意識させずに人間の行動をコントロールすることもある程度は可能なのです。

今後の社会は「マナー」や「ルール」の安易な制定に対し、より慎重にならねばなりません。これまでは、「どうせ言っても普及・浸透・執行力が不十分だから、ちょっと大げさに、強めに言っておこう」というような「ルールのかさ増し」が社会のいたるところで横行していたように思います。たとえば、警察機構は「犯罪撲滅」を常に掲げています。立派なお題目ですが、本当に犯罪ゼロを実現する覚悟と見込みはあるのですか？　その限界が、日常の些細な不正義に対し個々人の倫理観に丸投げするしかない、「マナーを守ろう」と空虚に投げかけるしかない現状に現れているのだと思います。そのしわ寄せは、「私はちゃんとマナーを守っているのに、あいつは守っていなくてずるい！」という不公平感につながり、本節冒頭の不快感につながっているのでしょう。

私は情報技術とデザインにより、「もし為政者であるあなたの制定したルール、マナーというものが、技術により厳密に執行されたらこんな世の中になってしまうんだよ」と、示すような発明をよくしてしまいます。そして為政者に、「そんなに虚勢をはらなくても、ルールをかさ増ししなくても、いいんですよ。ルールは最低限で大丈夫。その執行には情報技術やデザインがきっと役に立ちますよ」ということを訴えたいんだと思います。

さて、議論が大きくなりましたが、眼前の問題に戻りましょう。あなたが現在、自分が不快に思ったり、不利益を被っているようなマナー違反を目の当たりにしたとき、相手に「やめてください」と言うのは勇気が必要です。その後口論になれば、「公共の場で騒ぎ立てるのはよくない」という一般的なマナー（？）に自分自身が抵触することになります。これは、「空気を読む」という日本的な美徳と表裏一体です。また、最悪の場合、相手が話の通じない人であれば傷害事件に発展するかもしれません。これらのリスクを避けつつ、マナー違反者を戒める方法はあるでしょうか？　決して泣き寝入りはしない。「仕方のないこと」と諦めず、情報技術で戦いを挑んだ私の記録をご覧ください。

対話の時代の自衛兵器に求められること

戈《ほこ》を止める

マナー違反について、国家権力がそれを取り締まるコストを払えないなら、社会を構成するすべての人々がお互いに社会秩序の維持のために行動するしかありません。しかし、みんながみんな、他人に言うことを聞かせる力を持っているわけではありません。

有無を言わせず人に何かを強制するには、力が必要です。一般的にそれは「武力」と呼ばれています。では、一般市民の一部、または全部の人が武力を持っていて、私刑が認められていると、どうなるでしょうか。間違って罪のない人を罰してしまう冤罪や、武力を持っている人の存在そのものが持たない人にとっての脅威となり、意識的もしくは無意識的な恐喝が発生します。昔、日本には「切捨御免（無礼討ち）」という概念がありました。無礼な行いをした人に対し、常時帯刀していた武士階級には武力による私刑が認められていたということです。ただし、（ウィキペディアによると）切捨御免はその後に検分が必要で、制裁する側も命がけの行為だったようです。

本来、「戈《ほこ》を止める」と書いて「武」です。対話の時代と言われている二十一世紀、私たちは武力を再定義する必要があるのです。行使したら即、破滅するような力以外にも、現代の技術を駆使すれば、振りかかる火の粉を払うために、それとなく相手に伝えて自粛をうながす、自分の手を汚さずに強制的にやめさせる、そもそもマナー違反が自分に害を及ぼさないようにする、など、いくらでもやりようはあると思うのです。そのような新しい自衛兵器について考えてみましょう。

武力って雑だよね

まずは、従来の武力の問題点を整理してみます。ナイフやピストルなどを想像しながらお読みください。

（1）大体の場合、先手が有利
（2）互いに発動すると互いに破滅する
（3）「ちょうどやられただけやり返す」の計量が難しい
（4）力を持つものは威嚇を伴う

（1）は、武力が強すぎることによる問題です。自衛というのは応戦ですから、自分からは手を出しません。しかし「ケンカは先手必勝」などと言われるように、先に手を出すほうが有利なことが多いです。最初の一撃が身体的に致命的であれば反撃できませんし、冤罪であった場合に弁解する機会すら与えられません。先に手を出されたら負け、というルールのもとでは、臆病な人ほど急いで手を出そうとすることになります。

（2）も、武力が強すぎることによる問題です。相手の武力行使に対し自分の応戦の武力行使が間に合ったとしても、自分が望んでいるのは相手の破滅ではありません。望むのは、どちらが悪かったのか、互いの武力行使は適切だったか、という話し合いと検証の余地です。

（3）は、武力が致命的なほど強くない場合に考えたい問題です。正当防衛、過剰防衛という言葉があるくらいですから、他人に危害を加えられたら、それにふさわしい適切な力と規模で自衛したいですよね。理想的には、自動的に適切な力と規模を計量してくれる仕組みがあるといいですね。

（4）は、日常生活に武力をなじませる上で検討が必要な観点です。そもそも武力を持つ人は、その存在を周囲に見せることで他者の攻撃の意思をくじきます。筋骨隆々とした人は、それだけで強そうな印象を与えます。これは武力の持つ「抑止力」という側面です。抑止力はうまく使えば秩序維持に効果的ですが、同時に威嚇行為と表裏一体です。常に他人に銃や刃物を突きつけられた状態で過ごすのは、精神的に疲れてしまいます。武力を持つ側も、身を守るために武力を持っているだけなのに、それが不用意に他人を怯えさせてしまっているとしたら、本意ではないはずです。

（1）（2）（4）は、ゲーム理論で有名な「囚人のジレンマ」という状況で詳しく説明されます。冷戦時代に核兵器による抑止力の均衡がほころんだ事件であるキューバ危機などを題材に語られることが多いですね。

対話の時代の自衛兵器に求められること

さて、このように列挙してきた従来の武力の問題点にもとづき、対話の時代である二十一世紀の自衛兵器に必要であろう特性をまとめたのが、次のチェックリストです。

対話の時代の二十一世紀の自衛兵器チェックリスト

- □先手が有利になっていませんか？
- □お互いに使っても破滅しませんか？
- □相手の暴力を原動力としてお返ししていますか？
- □威嚇になっていませんか？
- □相手に物理的に反撃されませんか？

ほぼ、先述の従来兵器の問題点をなぞったものですが、若干の変更をしました。まず三つめ。相手の暴力を起点として反撃をすることは、この兵器が自衛兵器としてしか機能しない、つまり兵器単体では先手攻撃ができないことを保証します。また、相手の力を原動力にするので、少なくとも相手がその暴力をやめたときにこちらの反撃も停止します。「やられた分だけやり返す」の計量ができることが理想ですが、まずは「相手が力を出している時間に合わせて、その力に比例する妥当な程度の力で反撃する」というふうに、少し条件を緩めて考えてみました。このように考えたのは、合気道を嗜む私の思想的背景があると思います。合気道で特徴的なのは「敵の攻撃を受け入れて懲らしめる」および「敵の出した力を活用して懲らしめる」という点です。もともとこんな性格で、ケンカは嫌いだけど悪に屈するのは嫌だ、という思いで幼少期を過ごしてきた私にとって、合気道のこの考え方はとてもなじんで、今でも続けています。

そして、最後に「相手に物理的に反撃されませんか？」という項目を加えました。いまだに世の中から戦争はなくなりませんし、凶悪犯罪も後を絶ちませんが、これらの対応は（シビリアンコントロールを発揮した上で）専門機関にお任せするとして、私たちは日常生活で頻繁に遭遇する、ある意味些細であり、かつ私たちを悩ませ続けていることについて、草の根の改善を心がけていきたいと思っています。今私たちが扱っているのは、警察や軍隊が出動するような係争状態や犯罪行為ではなく、マナーとして周知されているような、市民の自浄自治に任されている程度の不道徳行為ですから、単純な物理的暴力の形をとらないことが多いでしょう。それに対し、こちらも物理的暴力ではない自衛行為を行います。その結果、相手が納得し、不道徳行為を自粛してくれればよいですが、結果的に逆上し、結局物理的暴力に訴えてくる可能性があります。それを何とかする必要はあるでしょう。

それではいよいよ、私の四つの発明の紹介に移りましょう。チェックリストは、すべて達成されるでしょうか?

スピーチジャマー

あいつ、うるさいなぁ

日常生活で「やめて」と言いたくてなかなか言えない対象、その最も代表的なのが、「おしゃべりの騒がしさ」ではないでしょうか。合コンで騒がしい、公共の場で騒がしい、会議で騒がしい、はたまた伴侶が騒がしいなど、公私を問わずいたるところにこの問題は発生します。合コンでは「仕切り役」に自由な一対一の会話を制限され、自発的なコミュニケーションがとれないのが嫌だと、章の冒頭で申し上げました。極端な場合、そういう人は自分がしゃべるのはもちろん、巧妙な場合は、他の参加者の誰がどこで何をしゃべるかも勝手にあてがってくることがあります。明石家さんまさんのトーク番組を目の前で開催されている気分です。一人の視聴者としてそれを聞いているぶんにはおもしろいと思うのですが、それに強制的に巻き込まれるのは、本当に不自由で、苦痛です。

また、図書館、カフェなど、ある程度の静粛が規範とされている場所でのおしゃべりの騒音も嫌なものですよね。その空間の居心地の良さがその場所の価値の主要な要素なので、なんとかしたいとみんなが思っていると思います。よくある解決策として、耳栓やヘッドフォンを着用することで騒音を免れる方法がありますが、それではある意味負けを認めるようなもので、その場所のその雰囲気を味わうことを放棄することになってしまいます。

さらには、組織での会議です。会社などの身近な会議はもちろんのこと、いま、私たちのリーダーである政治家の国会でのふるまい、もしくは討論番組での論客たちのふるまいを見ていると、悲しい気持ちになります。自分の存在をアピールするために、大声で、とにかくずっとしゃべり続ける人。他人の発言を妨害するために、野次を飛ばす人。「野次は国会の華」という言葉があるそうですが、私にはまったく理解できません。冷静に、公平に議論してほしいと思います。

空気を大切に

おしゃべりの騒がしさには、さすがに人類が音声言語の発明以来悩まされているだけあって、いろいろな難しい問題があります。その本質は、音声コミュニケーションが空気を媒質として、拒否権なく行われる点です。

「KY（空気読めない）」という言葉がありますが、会話というのは本当に「空気」をみんなで共有することで成り立っています。音声は、音波として空気を媒体にすることで伝達されます。そのため、会話の上で同時に発話できるのは一人だけです。二人以上が同時に発話すれば、いわゆるクロストーク状態になり、普通はすべての発話が聞き取れなくなります。適切に話者交代しないと、平等な会話の場は作れないのです。また、人間には目のフタである「まぶた」はありますが、耳にはフタがありません。ですから、届けられる音声を拒否することが身体的にはできないのです。

さらに、他者の騒がしさを指摘してとがめる際にも難しさがあります。騒がしい人に「うるさい！」とどなれば、他でもない自分自身が騒がしさの原因になってしまう点です。マナー違反の指摘がマナーを違反せずにしにくいのです。あいつと同じ穴のムジナになりたくないという思いが、指摘を躊躇させます。

そこで、この発明が登場します。不当に発言する人を自滅させ、「みんなが平等に発言できる世の中を目指そう」と訴えたのが「SpeechJammer（スピーチジャマー）」です。

自分の声を聞くとしゃべりにくくなる？

スピーチジャマーはいろいろなタイプを作りましたが、一番世に知られているのはピストルのような形をしている機械です（図6）。

仕組みはとても簡単で、話している人の音声を内蔵マイクで拾って、数百ミリ秒ほど遅らせてから内蔵スピーカーで鳴らして、その人に聴かせるというものです。普通のマイクやスピーカーは周囲の音を広範囲に集音し、また広範囲に音を届けます。しかしこのマイクとスピーカーはそれぞれ「指向性マイク」「指向性スピーカー」と呼ばれる、やや特殊なものです。理論的には、この機械で狙った直線上の人の声だけを拾い、そしてその人だけに聞こえる音としてまっすぐ音声を届けます。特定の悪人だけに効果を及ぼし、本人を含めて周囲の人には何か攻撃をしているということすら悟らせないように、という意図でこの仕組みを採用しました。

インターネットにデモ映像がありますので、よろしければご覧ください。(※1)また、パソコンさえあればすぐに体験できる「簡易版スピーチジャマー」というソフトウェアを公開していますので、お試しください。

こんな仕組みで、なぜ、おしゃべりを邪魔できるのでしょう?　みなさんはSkypeなど

図6 ピストル型スピーチジャマーの外観

のインターネット電話（もしくは国際電話）などで、自分の話した声が少し遅れて聞こえてきて話しにくかった、という経験はないでしょうか？　スピーチジャマーはこれを単純に、少し離れた場所から引き起こすものです。

この認知心理学的現象は古くから知られていて、科学館などで展示があるほどです。かく言う私もこの現象を知ったのは、日本科学未来館でこの現象に関する展示を見たときでした（**図7**）。その展示は単純に「自分の声を少し遅らせて聞くと話しにくくて不思議だね」ということを示すものだったのですが、これを応用して対人コミュニケーションに一石を投じる機械にしてみようと思ったのが、開発のきっかけの一つです。

少し原理の説明をします。人間は言葉を話すとき、発話しながらその発話を自分の耳で

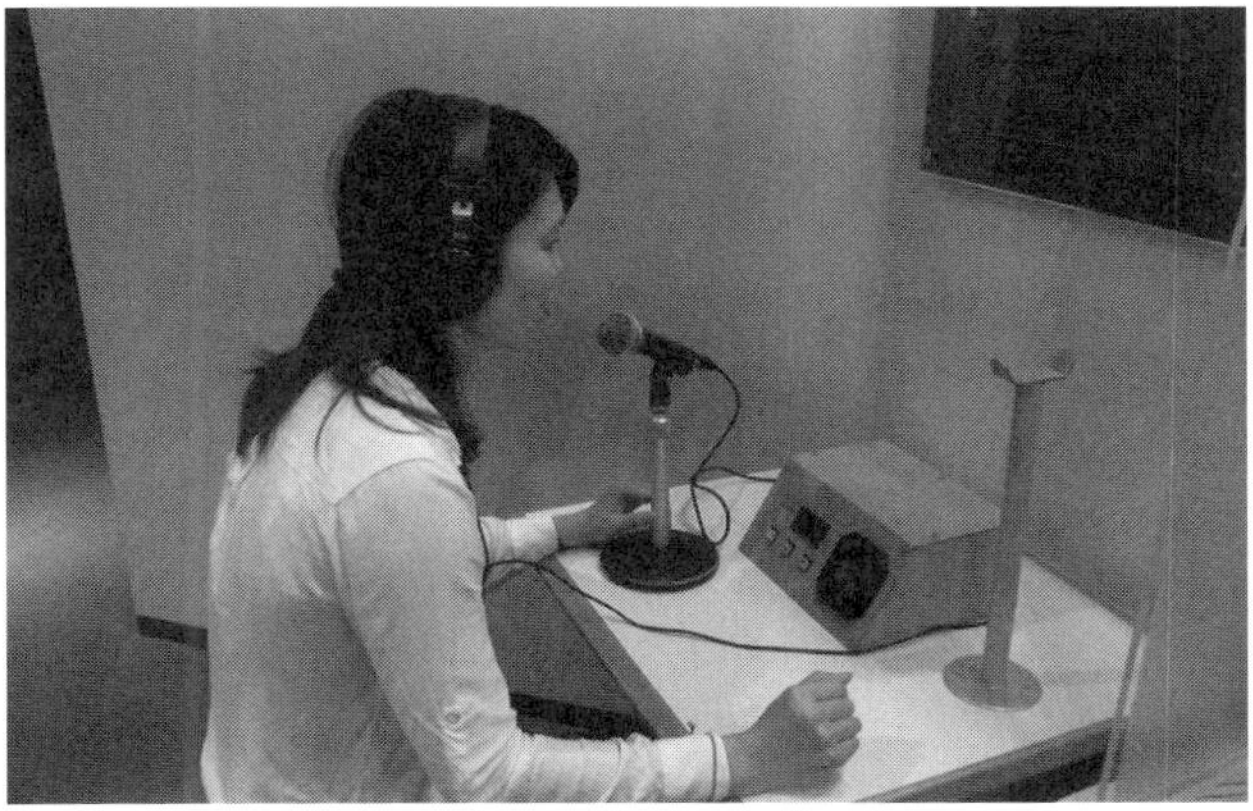

図7 聴覚遅延フィードバックによる発話阻害の展示（提供：日本科学未来館）

聞いて、脳内で確認していると言われています**(図8上)**。「思ったとおりに発話されているかな?」とチェックしながら、発話の調子を微調整しているようなんですね。そこでいたずらをして、自分の声をわざと少し遅らせて耳に聞かせたらどうなるでしょう。脳が混乱します。「あれ? 思った通りに発話できてないぞ。修正しなきゃ。」そう思った脳は、本当はちゃんと発話できているのに、それを修正しようとして調子を外してしまうのです**(図8下)**。人によってはまったく話せなくなってしまったり、話す速度が極端にゆっくりになったり、吃音(いわゆる「どもり」)が出たりと、一般に不快に感じます。

言論の自由とスピーチジャマー

スピーチジャマーは、公立はこだて未来大学の塚田浩二さんと共同で開発しました。私がコンセプトを提案すると、メカに強い塚田さんはあっというまに試作品を作ってくれました。マイクとスピーカーは特殊ですが市販されているので、組み合わせることは難しくなく、また声を遅らせる電気回路もエレキギターのディレイエフェクターに使われているものと同じ、ごく簡単なもので済みました。

しかし、効果を実験で検証しようとすると、とたんに問題に直面しました。人によって反応がバラバラで、中にはどうしようもないくらい話せなくなる人もいれば、まったく効果がない人、一瞬だけ効果があるけどすぐ慣れてしまう人など、さまざまでした。実験協

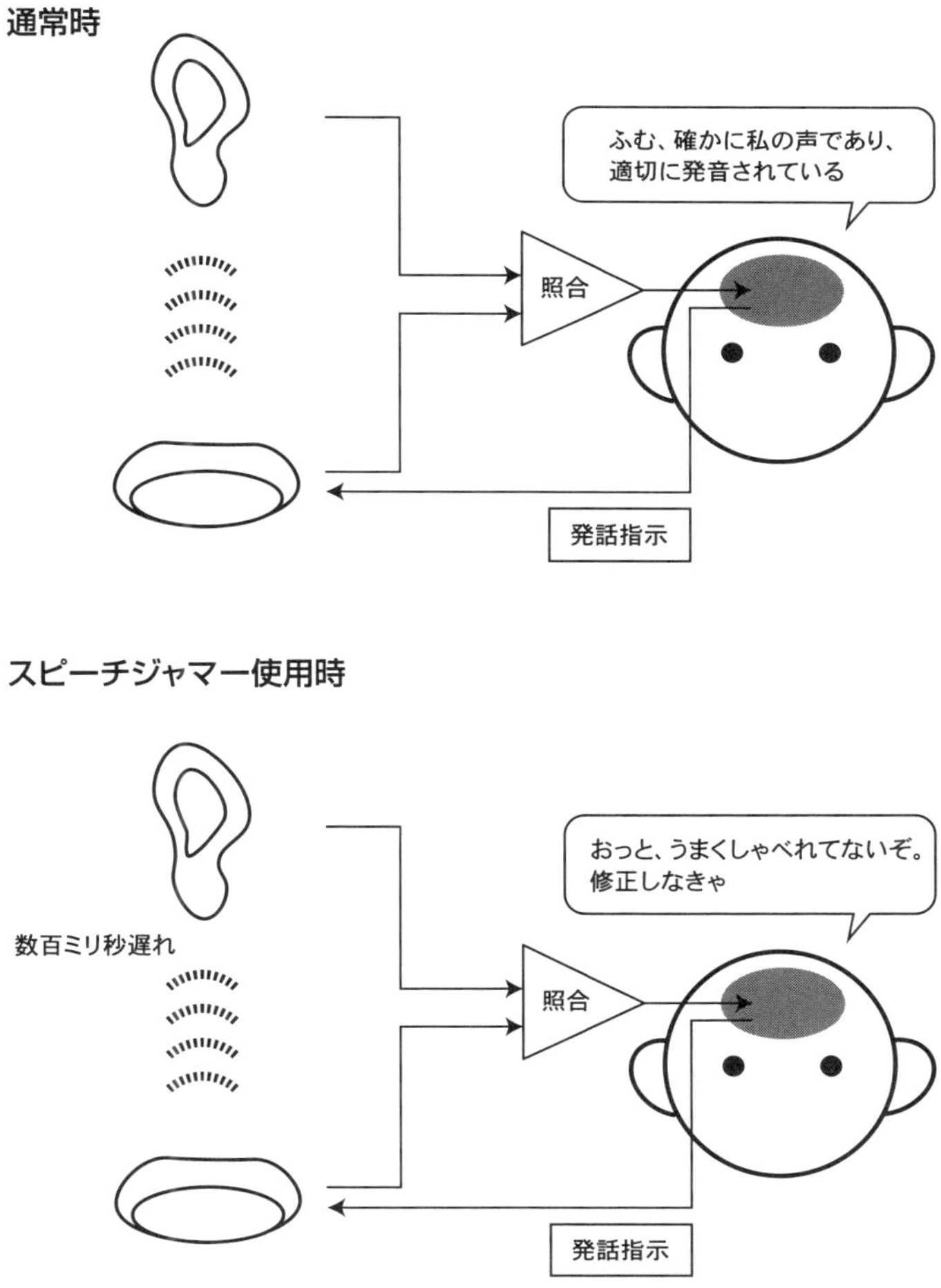

図8 発話するときに人間の脳内で起こっていると言われていること

力者の年齢や性別、発話を遅らせる時間や発話内容の違いによってどのように効果が変わってくるかなどを調べるには大規模な実験が必要とわかり、いったん保留しました。まずはこのような発明をしたことだけでも発表しようと塚田さんと相談し、論文にまとめ、投稿しました。

それからスピーチジャマーは数奇な運命をたどることになります。日本国内の学会で研究発表の機会が得られたものの、国際的にはまったく見向きもされず、私と塚田さんは「その程度の研究だったんだ。せめてこの研究を我々が行ったということだけでも、自主的に伝えよう」と思うようになりました。そして学会への論文の投稿はやめ、代わりにインターネットで論文を公開し、YouTubeにデモ映像を投稿しました。すると驚くべきことが起こりました。突如として海外の大手を含む無数のメディアから取材が殺到したのです。

YouTubeに投稿したデモ映像の再生数も百万回をすぐに突破しました。聞くところによると、とある海外の有名なブロガーが論文を発掘し、「これで我々の言論の自由は終わった」のような扇情的なトーンで紹介したことが一因であるようです。「悪用されて我々の言論の自由は終わりです」という批判と、よくある「どんな科学も悪用すれば凶器になる」という賛否両論の議論が激しく展開され、中東の軍事産業関係者や言論統制下国家のジャーナリストからの問い合わせなどもありました。そのうねりは技術系のニュースサイトであるWired.jpなどを通じて日本にも逆輸入され話題になりました。このような取材に対応するため、私たちは次のような、ともすると滑稽とも思えるメディア対応テンプレートを準備せざるを得ない状況に陥りました。

悪用される懸念に対する考え

本研究について、仮に遠隔地からの第三者による発話阻害の効果が確実に得られる状況が将来達成できたとき、悪用されることにより言論の自由が人々から奪われるのではというご指摘をいただいている。それに対して我々は以下のように考えている。

原点として、我々は言論の自由は人々に平等に与えられるべきものであり、「声の大きい人が勝つ」と俗に言われるような、特定の人物だけに言論が占有される不公平を払拭したいと考え、本研究をスタートさせた。

しかし「どういう言論が不公平であるか」という判断が、スピーチジャマー使用者の倫理観に依存している点は現状の課題である。ともすると本技術が乱用され、みだりに人々の言論が封殺されてしまう事態も起こりかねないのは認める。

しかし、本技術は刀や銃などによる戦闘と比べて、「お互いに使用し合っても破滅せず、話し合いによる解決の余地を常に残せる」という性質を持っている点が重要である。もしも誰かが不本意にもスピーチジャマーをあなたに使用した上で会話を占有し始めたら、あなたもその人にスピーチジャマーを使用し、冷静な話し合いが行えるまで待てば良いのである。

一方で、組織や国家が無人のスピーチジャマーを至るところに配置し言論を封殺するようなディストピア像を想像する人もいる。この場合は上記のような話し合いは期待できない。しかし、本技術の効果は「耳栓」をすれば容易に回避できる程度のものであるので、そのような心配はない。

本技術の応用が適切なのは、「自分自身のプレゼンテーショントレーニング」、「参加者全員が会話のルールについて納得している会議や公共スペース」などの、条件次第では発話阻害されることを当事者が了承しており、耳栓をするような回避手段をとることが想定しにくいか、非難されるような日常の局面である。


国際社会を巻き込んで、「世界平和とは」「民主主義とは」「言論の自由とは」などと、壮大な話になってしまったことは、私たちにとってもまったく想定外でした。対話の時代の自衛兵器を考えることは、つまりこういうことなのだと教えられました。ただし、個人のコミュニケーションの問題として熟考したさまざまなことは、このような規模になってもブレることのない芯として自分を支えてくれました。

珍賞をいただいたものの……

メディア対応にも疲弊していたある日、スピーチジャマーの発明によるイグノーベル賞受賞の通知を受けました。イグノーベル賞は「裏ノーベル賞」とも言われ、世界中から毎年「人を笑わせ、そして考えさせる」十組の研究を選んで贈られる、知る人ぞ知る珍賞です。「おしゃべりな人を黙らせたいという人類の根源的な悩みに応えた」というのがその受賞理由だそうです。合コン苦手とか、コミュニケーション苦手とかいう感覚はすごく日本的なもので、「会議に参加したのに発言しないのは、いないのも同じ」と言いそうな欧米人に理解されるのは難しいのではないかと思っていたので、この国際的な賞の受賞には驚きました。この発明は、実にたくさんの人たちの心の鬱屈と共鳴したようです。みなさん誰しも、身のまわりに「こいつはほんとうにしゃべり出すと止まらないやつだな。なんとかできないだろうか」という悩みを持っているようですね。「話し声をそのまま本人に返すだけで邪魔できる」という痛快さもまた、評価されたポイントのように思います。

さて、「対話の時代の二十一世紀の自衛兵器チェックリスト」になぞらえると、スピーチジャマーの出来はいかがでしょうか?　検証してみましょう。

対話の時代の二十一世紀の自衛兵器チェックリスト

☑先手が有利になっていませんか?
☑お互いに使っても破滅しませんか?
☑相手の暴力を原動力としてお返ししていますか?
□威嚇になっていませんか?
□相手に物理的に反撃されませんか?

スピーチジャマーのポイントは、相手の声をそのまま送り返すだけで効果がある、という点です。「声の暴力」が原動力となり、そのまま「声の暴力」の継続が邪魔される点が鮮やかですね。そのおかげで、お互いに使用した際にも有利不利はありませんし、お互いに静かになるだけですので、その後に冷静な対話をする余地を残すことができます。

一方で、このピストル型の機械は要するにピストルですから、所持していることを見せびらかすことによって、またこのピストルを人に向けることによって「お前の声はいつでも邪魔できるんだぜ」や「お前は騒がしいやつだ」という意思表示をすることになりますから、威嚇できる余地があります。これについては、ピストルの形ではなく、生活になじませるデザインにすることにより解決できるかもしれません。私の書いた論文では、会議室の音響設備に組み込んで、多数決、もしくは議長が「静粛に」ボタンを押すと発動するようなものも提案しています。しかし、基本的に騒がしい人を正当な理由で邪魔しても、その人が逆上して殴られでもした場合にどうしようもありません。
どうやら、まだやるべきことはあるようですね。次の発明の紹介に進みましょう。

のぞき見防止検出器（ウソ）

見られたくない、見せたいわけじゃない

電車の中などで、自分の携帯電話やノートパソコンの画面を近くの人にのぞき見されて、不快な思いをされることはないでしょうか？　これも日常的によく見られる、「やめて」と言いたいシチュエーションですね。機密情報であればそのような場所で閲覧すること自体が問題なのですが、私の場合、特にひとさまに見られて困るような情報を表示しているわけではなく、「人に見られている」という状況に自意識過剰になってしまい、集中できなくなってしまうことに困っています。ちなみに「プライバシーフィルター」という、画面を物理的に見られないようにするシール状のものも市販されていますが、あれを付けると自分にとっても画面が少し見にくくなるので、できれば付けたくないんです。

よく、露出度の高い服を着て外出する女性たちが「オシャレを楽しみたくてやっている。なのに男性たちにジロジロ見られて気持ち悪い」と主張し、それに対し保守的な人たちが

「そんな格好で出歩くのが悪い」と非難する構図がありますよね。私は公平な立場で両者の意見に耳を傾けていたつもりですが、前者の女性たちの意見については自身で体験できるわけではないので（残念ながら世の女性がみな振り向くようなイケメンでもございません）、理解していたつもりになっていただけでした。しかしこれは、自分の情報機器の画面をのぞかれるときに抱く思いとほとんど同じではないかと思い至りました。自分は「好きで」機器をいじっています。いじりたい動機があるんです。そしてそれは、意図せず周囲の人に「のぞきたい」という興味を抱かせてしまうんですね。しかし、のぞかれると自分は嫌だと感じるんです。かといって、プライバシーフィルター（すなわち、服装にたとえると「地味な外見のコーディネート」）は嫌だと思ってしまう。オシャレをしたい女性と同じ感覚だとすると、なるほどこれは難しい問題ですね！

試作1号：「のぞき見しないでください」

さて、この「視線の暴力」に対抗する方法を考えてみましょうか。まずはスピーチジャマーの原理に習って、有望そうだと思われた「相手の暴力を原動力として、そのままその暴力をやめさせる」という方針を検討してみます。画面をのぞき見されることに対して、そののぞき見を原動力としてやめさせるにはどうすればよいでしょうか。現在の技術を用いれば、ノートパソコンや携帯電話のカメラ画像から他人の顔や視線を認識し、画面を見られていることを検出することはできそうです。周囲の人の視線を検出したら、画面に「のぞき見しないでください」と警告すればよいのです（図9）。

この方法の良いところは、「そもそものぞき見をしなければこの警告メッセージは伝わらないので、相手がのぞき見という無作法をしたときしか効果がない」ということです。もし相手が怒り出したら、それがそのままのぞき見の動かぬ証拠ということです。さらに、普段は表示されないので、威嚇にも使えません。

試作2号：「第三者の視線を検出しました」

めでたしめでたし……と言いたいところですが、消極的なユーザーの観点からすると落第ですよね。「のぞき見しないでください」

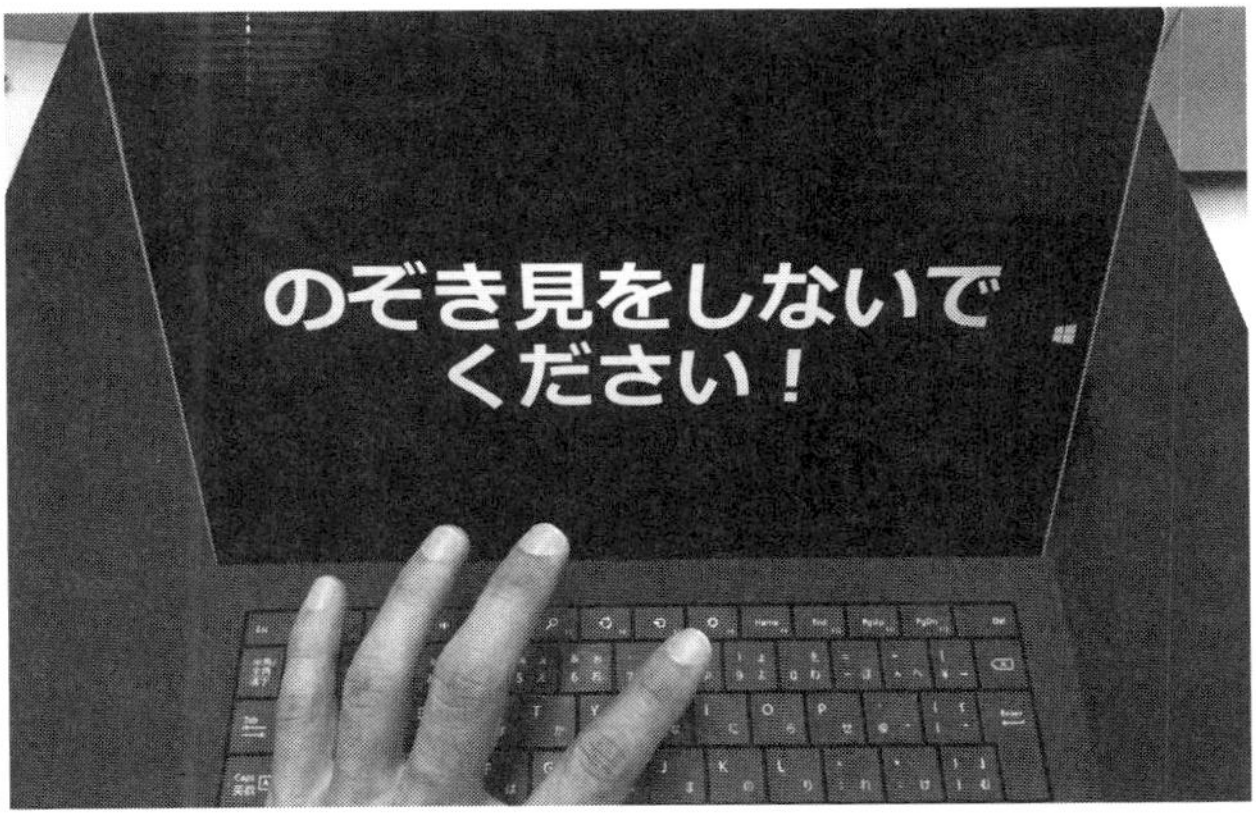

図9 他人の視線を検出したら警告を出す「試作1号」

と表示するのは、面と向かって話して非難するのとほぼ同じくらい緊張しそうです。それができないから苦労しているんです。そこで、「コンピュータのせいにする」という小細工をしてみます。画面に「のぞき見しないでください」と警告を出すのではなく、「システムは第三者の視線を検出しました。」と大きく表示するのです（図10）。

この工夫により、警告の表示がコンピュータの意思により勝手に為されたものであり、所有者の私は関与していない、という体裁を取ることができます。それでいてのぞき見をしている人には、「のぞき見の事実が露見している」という情報が伝わりますから、不用意にのぞいてしまっていた、良心のある人であれば、のぞき見をやめることでしょう。当のあなたは、「ああ、どうしたことだ？」の

図10 他人の視線を検出したら、単に「検出した」と表示する「試作2号」

ように、その画面表示に自分自身も驚いていることを表明し、その警告表示をただ消そうとすればよいのです。

これは、たとえるなら犬の散歩中に犬が誰かに吠えたときの飼い主の対応とよく似ています。犬は飼い主の所有物ですが、人間ほどは洗練されていない存在で飼い主が完全に制御できているわけではありません。飼い犬が誰かに吠えたら、「すみませんウチの(頭の悪い)犬が」と飼い犬をたしなめて、その場を取り繕うことになるでしょう。今回のケースでも、視線検出システムという「性能の低い人工知能」が暴発してしまった、周囲のみなさん申し訳ありません、という取り繕いをすることによって、人を咎める責任を情報システムに委譲することができるのです。これは、現代の人工知能や情報システムが高度に知的でありつつも、しばしば人間の思いどおりにはならずに暴走することがあるという認識を私たちが共有しているからこそ、可能な方法といえます。

完成！

さて、これで本当にめでたしめでたし、としてもよいのですが、さらにもう一段階、小細工をしてみます。これまでの試作では、結局ののぞき見をした/しないの判定を、視線検出システムに頼っていました。しかしよく考えてみると、そもそもこのシステムを使いたいときというのは、のぞき見をされているということをユーザー自身が自覚しているときです。さらに言えば、自分は気づいていないのに他人にのぞかれている状況であれば、自分は不快ではないので別に放置してもかまわない、と考えることもできます。そこで、他者に気づかれない秘密の操作（特定のショートカットキーを使ったり、スマートフォンをトントンと叩くような秘密の操作などを組み合わせたり）をしたときに、数秒の潜伏期間の後に試作2号と同じ画面表示を行う機能を盛り込み、自動的に視線を検出する仕組みを捨てます。視線検出などのパターン認識技術は、やはりミスをすることもありますからね。これで晴れて、「のぞき見防止検出器（ウソ）」の完成です！

いかがでしょう。巡り巡って、ただの「内緒の操作で画面に固定のメッセージを表示するだけのソフトウェア」になってしまいました。あまりに簡単なので、基礎的な部分を開発するのには十五分もかかりませんでした。大切なのは、「性能の低い人工知能の暴発」という体裁を繕えるメッセージを伝えることなのです。

実用的なウィザード・オブ・オズ

このように、「高度なシステムと同様の機能を持つ人力のハリボテシステムを作る」という方式を、ヒューマン・コンピュータ・インタラクションの研究の世界では「ウィザード・オブ・オズ方式」と呼びます。ズバリ、「オズの魔法使い」方式です。なぜオズの魔法使いと呼ばれるかというのは、このお話を読んだことのある人ならわかるはずです。

私たち研究者は、高度な自動システムの実現そのものではなく、いつか実現されるであろうそのシステムによって、我々人間やその社会はどのように影響を受けるかを考えることに研究の主眼を置くことがあります。そういう場合にこの方式が採用されます。たとえば自動販売機はお金を入れると商品が出てきます。販売機の中身は普通は機械だと思いますよね？　でも、中に人間が入っていて機械と同じ仕事を肩代わりすれば、使う人間にとってはなんら自動販売機として遜色ありません。自動販売機のある機能を調べたいとしたとき、ウィザード・オブ・オズ方式を採用することで本質ではない部分を人間に肩代わりさせ、開発・実験コストを下げることができます。

人力を必要とするため量産したり普及させることが一般的には難しいですから、ウィザード・オブ・オズ方式のシステムはもっぱら研究者の小規模な実験のために用いられます。今回の「のぞき見防止検出器」のように、実用的なウィザード・オブ・オズ方式のシステムというのは珍しいのではないかと思います。

このウソ検出器のアイデアは、他にもいろいろなところに応用が効きそうです。エレベーターの中で香水がキツイ人やオナラをしたのに悪びれない人を非難したいなら「システムは異常な臭気を検出しました。ご注意ください」と音声を流すスマートフォン用アプリを作ればよいでしょう。電車の優先席を譲らない人がいたら、車内放送と同じような電子音声によって「現在、優先席を必要とされている人がいらっしゃる可能性があります。席を譲りましょう」と音声を流すアプリを作り、無線スピーカーを網棚において放送すればよさそうです。ただしこれらは、悪用の危険があります。匿名であることをいいことに、特定の無実の人をいじめることも可能になります。使う人の倫理を前提にするという意味で、スピーチジャマーと同じですね。なかなか、のぞき見防止ほどのよい応用例を私も探せていません。

最後に今回も「対話の時代の二十一世紀の自衛兵器チェックリスト」になぞらえてこのシステムを検証してみましょう。

対話の時代の二十一世紀の自衛兵器チェックリスト

- ☑先手が有利になっていませんか?
- ☑お互いに使っても破滅しませんか?
- ☑相手の暴力を原動力としてお返ししていますか?
- ☑威嚇になっていませんか?
- □相手に物理的に反撃されませんか?

スピーチジャマー同様、相手の暴力そのものを原動力としてお返ししており、先手後手有利などはない、穏やかな自衛兵器に仕上がりました。また、相手がのぞきこむことを出発点として起動する、普段は形のないものですので威嚇にもなりません。結局は人間が操作するので、のぞき見の発生していないときであっても、やたらめったらに起動することはできますが、誰も見ていないので虚しいだけです。

ただ、この「視線を検出しました」というメッセージを伝えることにより自粛をうながす仕組みには、のぞく側にある程度の道徳意識があることを前提にします。「あ、無意識にのぞいてしまった。よくなかったな」と思える人であればいいですけど、やはり逆上して殴られでもした場合にどうしようもありません。

どうやら、さらにやるべきことはあるようですね。次の発明の紹介に進みましょう。

開放度調整ヘッドセット

私に話しかけないで

さて、ここまで扱った二つの自衛兵器、それはともに「不正義を行っている相手に働きかけて、不正義を止めたり、考えを改めさせる」というものでした。これは「反撃する」という感覚からすると、極めて真っ当なアプローチです。しかし、それはやはり依然として「攻撃」であって、基本的には相手にとって不愉快なものであり、反感を買いやすい上に、最終的にどう反応するかは相手次第という点では、まだ詰めの甘いものだったと言うことができます。

ここで改めて声の暴力、視線の暴力について、相手を攻撃しない方向での解決はできないか考えてみましょう。武器的な兵器から防具的な兵器への発想の転回です。まずは声の暴力についてです。

スピーチジャマーの項で説明しましたが、会話というのは空気の共有によって成り立っており、適切な話者交代が必要であること、また耳にフタがないので届けられる音声を拒否できないことが問題です。では、人間の耳にフタがあったらどうでしょう。今でもすでに、私たちは図書館やカフェなどで耳栓やヘッドフォンを耳のフタとして活用しています。その他にも、タクシーで運転手に話しかけられるのが嫌だとか、美容院で美容師に話しかけられるのが苦痛だとかいうことで、耳栓やヘッドフォンが解決策として用いられているようです。

耳栓やヘッドフォンのよいところは、音や声に関して相手が何をやろうとも自分は無関係になり無害化できること、そして「いま私に話しかけても聞くことはできませんよ」というメッセージを周囲に知らせることができる点です。しかし一方で、着脱は手でやらなければならないですし、また着脱するところを周囲に見られてしまうので、「私は今、着脱したいと思っている（つまり外界の音について、好ましくない、変えたいと思っている）」というメッセージが周囲に伝わってしまう点、そして一度つけてしまうと周囲の音が聞こえないので、それ以後に周囲の音環境に応じて着けたり外したりを判断するといったことができなくなる点などが、残念なところです。

耳のフタを作ってみた

そこで、私はこれらの問題を解決する、インターネット接続されたインテリジェントな耳のフタを作ってみました。それが開放度調整ヘッドセットです。**図11**のような形をしています。ヘッドフォンではなくヘッドセット

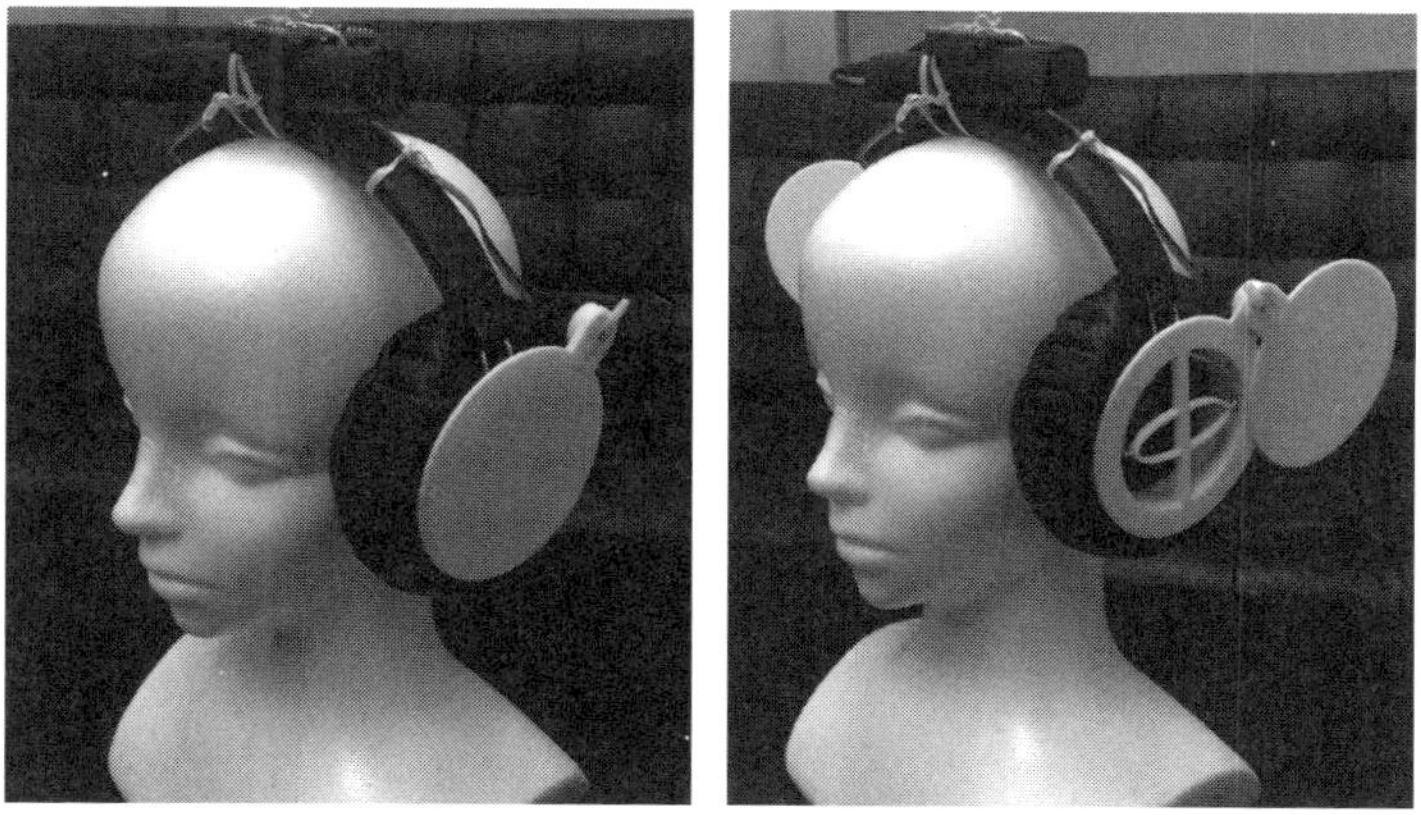

図11 開放度調整ヘッドセット（左：閉鎖時、右：開放時）

と名付けたのは、スピーカーだけでなくマイクもとりつけることで、よりおもしろい応用を考えたからです。

開放度調整ヘッドセットは、一見すると通常のヘッドフォンのような形状ですが、モーター制御によってヘッドフォン自体の物理的な開放と閉鎖を調整する機能を持っています。開放状態になると、耳が直接外界に露出します。開放度合いを変えることによって、ユーザーの音響感覚を変えることができます。

そもそもこのヘッドセットを開発しようと思ったきっかけは、「オープン型ヘッドフォン」と「クローズ型ヘッドフォン」の存在でした。みなさんが通常用いているヘッドフォンは「クローズ型」だと思います。耳をほぼ完全に覆って、外界の音を断ち、流される音響に没入することを目的としています。一方であまり普及していませんが、「オープン型」というものもあります。これはわざと耳を覆う部分に穴を開けて外界の空気が耳に届くようにしてあるもので、自然な音響、開放的な音響などを謳い設計されているものです。それぞれにメリットとデメリットがあります。クローズ型は音響に没入できるものの、外界と遮断されるので屋外の使用時に交通安全上問題がある場合があります。オープン型は独特の開放的な音響を楽しめるものの、外界への音漏れが激しく（開放しているので当たり前です！）、やはり使用のＴＰＯを選びます。

このように長短あるクローズ型、オープン型ですが、その特徴が物理的形状により決まってしまう点がもったいないと思いました。そこで、これをダイナミックに変更することを思いついたのです。さらに開閉制御をユーザー自身や、あるときは他者や人工知能に委ねることによって、次のような、いろいろなおもしろい応用事例を提案しました。ネットにデモ動画がありますので、併せて、ぜひご覧ください。(※2)

【事例1】新しい音楽鑑賞体験

最近ではSongle.jpのように、鑑賞する音楽の情報を詳細に得ることができるサービスがあります。Songle.jpで得られる「サビ区間」の情報を用いて、Songle.jpに登録されているおよそ十万曲もの楽曲から好きなものを選んで、サビのときに自動的に開閉することで没入感や爽快感を高められる音楽プレーヤーを作りました。最近の楽曲には、わざとボーカルの声を不明瞭にするようなエフェクトをかけておき、サビのときにクリアな音に戻すことで開放的な気分にさせる効果を狙ったものがあるのをご存知でしょうか。そのようなエフェクトを、もっと物理的に、かつ好みの楽曲に対してかけることができます。

【事例2】知的生産活動支援

カフェの喧騒が好きな人や図書館の静寂が好きな人など、知的生産活動に適する環境は人それぞれです。私の場合は最初はカフェがよいのですが、集中してくると静寂を求めたくなります。そこでタイマー仕掛け、もしくはキーボード打鍵速度などから集中度合いを測定してだんだん開放度が小さくなるようにすると、最初はカフェの適度な喧騒に創造性がかき立てられ、やがて集中を要する頃には静寂が得られているというように、スムーズに音環境を移行できます。

【事例3】交通安全支援

最近ではヘッドフォンをして自転車に乗っていると道路交通法に問われる時代になりました。本機能を用いれば、スマートフォンのセンサーにより高速移動を検知した場合に自動的にヘッドセットが開放状態になり、周囲の音がちゃんと聞こえるようになるので安全です。うっかり自転車に乗ってしまっても大丈夫です。

【事例4】NHKだけ聞こえないヘッドフォン

最近、NHKの強引な受信契約に反抗して「NHKだけ映らないアンテナ」が話題になりましたが、それでも街中や病院の待合室などで意図せずに見たくないテレビ番組を受動的に視聴せざるを得ない場合があります。そこでテレビ放送の音声を識別する音声認識システムを活用することで、あらかじめ設定していた「絶対聞きたくないテレビ放送」を認識するとヘッドセッドが閉じ、聞かないようにできます。

【事例5】特定のキーワードの会話を選択聴取する「聞き耳」

誰かに話しかけたり、名前を呼ばれると自動的に開く。あらかじめ登録した、興味があるキーワードを認識すると自動的に開く、などを音声認識の応用により実現します。たとえばヘッドセットを閉じて作業に集中しているときでも、周囲に好きな芸能人についての会話をしている人がいる場合にヘッドセットを開いて聞き耳を立てたりできます。

逆に、あらかじめ登録した、聞きたくないキーワードを認識すると自動的に閉じる。たとえば誰かと話していて、ワールドカップの試合の結果について聞きたくないとき、「ワールドカップ」という言葉に反応して自動的にヘッドセットを閉じることができます。また、同様の仕組みで、特定のジャンルやアーティストや曲名を指定することで、「絶対に聞きたい音楽（聞きたくない音楽）」が周囲に流れているときに、それを聞いたり（聞かなかったり）を調整できます。

【事例6】発言権に時間制限を与える

会議支援機能です。会議の参加者全員が開放度調整ヘッドセットを装着します。誰かが発言するたびにタイマーをセットし、時間制限を超えると全員のヘッドセットを閉鎖状態にします。「誰もあなたの発言は聞こえませんよ！」という無言の圧力を与えられることでしょう。これは、ある意味受動的なスピーチジャマーと言えましょう。

【事例7】告白タイム支援

軟弱な男子に「大事な話がある」と言われたら、「十秒だけ時間をあげるわ」とクールにタイマーを起動させるのです。どうせそのような男子は十秒では意味のある発言はしないでしょう。十秒後、冷酷にヘッドセットは閉鎖。「さよなら」、呆然としている男子を横目に、あなたは颯爽とその場を去るのです。

あなたには私に声を聞かせる資格がありません

いかがでしょう。後半に進むにしたがって怪しい応用が並んできましたが、むしろ後半こそ自衛兵器としての側面を表わしています。開放度調整ヘッドセットは、インテリジェントな耳のフタとして機能し、外界からの言葉（音）の暴力に対して自衛する手段を与えます。古来より、両耳を手で塞ぐというジェスチャーには「聞きたくない」という意味と同時に、「やめてほしい」という哀願のニュアンスがつきまとっていました。

開放度調整ヘッドセットを用いることにより、私たちは自分の聴覚にアクセスしようと言葉の暴力を行使する外敵に対し、毅然とした態度で、あるいは無関心を示しながら、「あなたにはその資格がありません」とアピールできるようになるのです。場合によっては、あなたの聴覚を遮断する主体はあなた自身でなくてもかまいません。タイマーや音声認識などの、ある種の人工知能に開閉を制御させることもできますし、人工知能の「ふり」をして実際はあなたが開閉を操っていれば、ウソのぞき見防止検出器と同じ「すみません、私はあなたの話が聞きたいんですけど、ヘッドフォンが勝手に……」という言い訳の余地を生むことができます。場合によっては「親に、特定の汚い言葉に関する発言は聞かないように設定されている」、「会議参加者の過半数があなたの発言を聞く価値はないと思っている」などと、他者や社会(集合知)にあなたの聴覚の制御を委譲(しているふりを)してもよいのです。

開放度調整ヘッドセットは三つのヴァリエーションを用意しました(**図12**)。「Butterfly」は、外側に窓がスライドして開閉します。デモ動画で採用してるモデルです。細かく開放度を制御できます。見た目にも開閉がわかりやすいです。「Gull」は、ガルウイング風の機構を採用したモデルです。開放度は閉める・開けるの二段階ですが、閉めたときの密閉度を高くすることができます。見た目にも開閉がわかりやすいです。「Moon」は、開閉機構を目立たなくしたバージョンです。扇型に一八〇度だけ開閉します。開閉が目立たない(つまりあまり恥ずかしくない)点が特徴です。本ヘッドセットにおいては「外から見ている人に、『この人に話しかけたときに聞き取ってくれそうかどうか』が自明にわかる」ことも、形状デザインのうえで重要な観点なのです。

さて、最後に今回も「対話の時代の二十一世紀の自衛兵器チェックリスト」になぞらえてこのシステムを検証してみましょう。

対話の時代の二十一世紀の自衛兵器チェックリスト

☑先手が有利になっていませんか？
☑お互いに使っても破滅しませんか？
☑相手の暴力を原動力としてお返ししていますか？
☑威嚇になっていませんか？
☑相手に物理的に反撃されませんか？

過去の二つの発明は「人に何かをさせる」というものでしたが、開放度調整ヘッドセッ

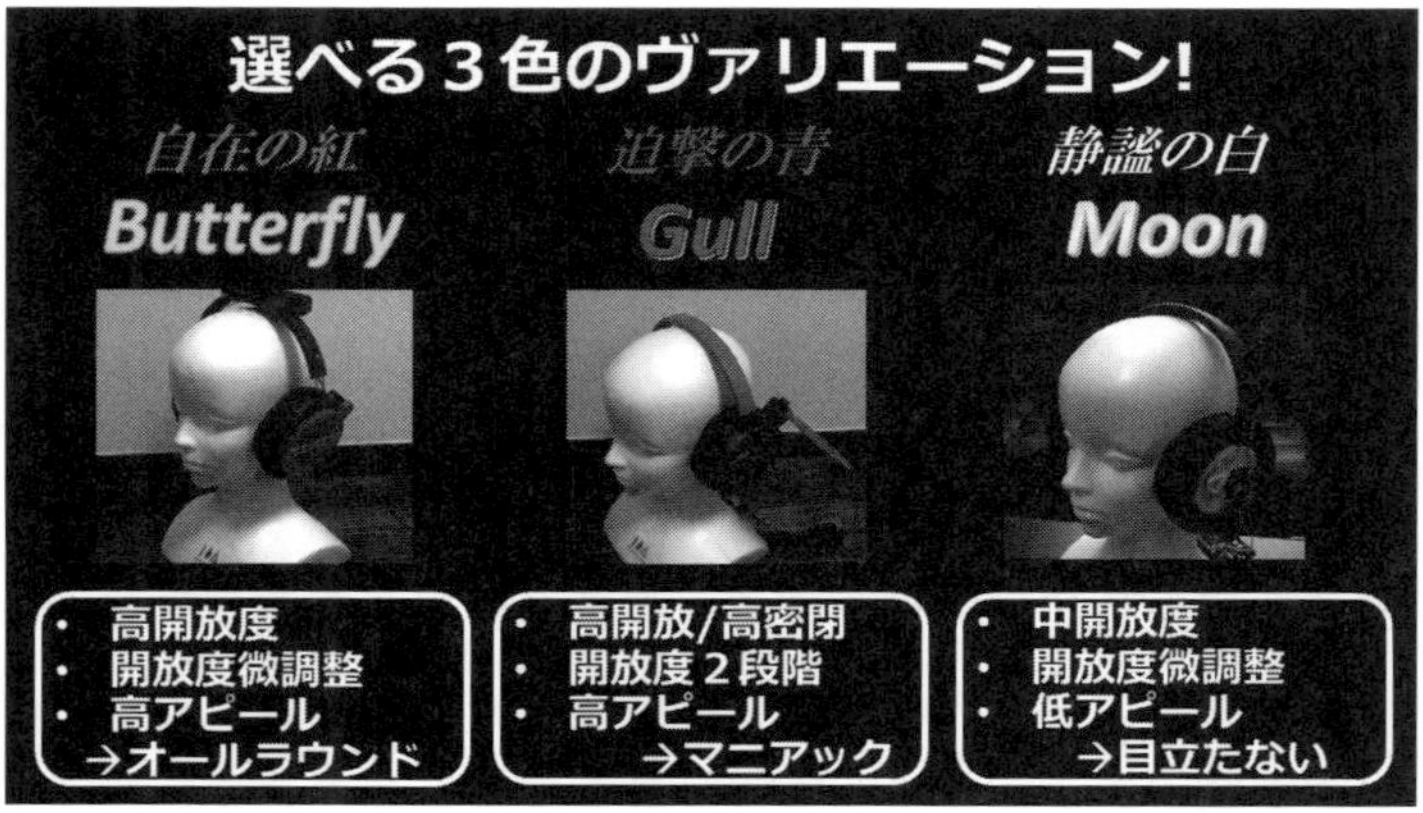

選べる３色のヴァリエーション！
自在の紅
Butterfly
追撃の青
Gull
静謐の白
Moon
・高開放度
・開放度微調整
・高アピール
→オールラウンド
・高開放/高密閉
・開放度２段階
・高アピール
→マニアック
・中開放度
・開放度微調整
・低アピール
→目立たない

図12 開放度調整ヘッドセットのヴァリエーション

トは「自分を変える」というアプローチをとりました。相手が言葉の暴力を行使してきたら、それを引き金として自分の聴覚を遮断し、無効化します。概ねウソのぞき見防止検出器と同じ性能ですが、今回行うのは相手に自制をうながすことではなく、自分の身体状態を変化させるだけの自己完結的な行動です。相手の怒りを買い、物理的な反撃をされる可能性は、ある程度は軽減されると考えられます（「ある程度」なので、チェックリストには薄いチェックマークを入れることとしました）。

視線恐怖症的コミュ障のためのメガネ

新天地にて

対話の時代である二十一世紀にふさわしいコミュニケーション自衛兵器の研究に邁進する中、私は人生の転機を迎え、二〇一四年に津田塾大学に転職しました。私大かつ女子大であり、理系の学科を備えた伝統ある大学です。その情報科学科の教員になった私は、初めて研究室を持ち、理系女子とともに新たなコミュニケーション研究の道へと進んでいきました。そこで鬼才と出会いました。ここでは彼女をHさんとしておきます。

修士課程の学生として私の研究室に進学して来たHさんは、「私はコミュ障である」と宣言しました。彼女は確かにコミュニケーションが苦手でしたが、極めて明晰に自身の苦手意識の状況を分析しており、また社会にあるべき支援の形を決して媚びることなく、また逆に卑屈な被害者意識に陥ることもなく、フェアに議論できる方でした。

彼女の抱えているコミュニケーションの問題は、「人間の目が怖い」というものでした。彼女はしっかりとした会話はできるのですが、対話相手と目を合わせるのが苦手で、実際に私との研究打ち合わせでも常に私から目をそらしていました。あるときは彼女と飲食店のカウンター席に二人並んで壁を向いて座り、議論したこともあります。ブツブツと壁に向かって話しかける二人は、さぞや周囲から奇妙に見られたことでしょう。

目が怖い

世の中には対人コミュニケーションのマナーについて、視線に関するものがあります。

「相手の目を見て話しましょう」

「相手の話は相手の目を見てよく聞きましょう」

どなたにも、なじみのある項目だと思います。一方で、日本人は恥ずかしがり屋であまり相手と目を合わせたがらない、その結果信頼感を相手に与えにくい、などの比較文化論的分析もよく聞きます。「目は口ほどにものを言う」ということわざもありますし、ある研究によりますと、人類を含む霊長類が目にコミュニケーション上の機能を充実させる進化を遂げた結果が、両目を顔の前面に配置させる現在の顔の造形なのである、ということのようです。

一方で、目は「怖い」という感覚も引き起こします。「壁に耳あり、障子に目あり」はホラー的題材によく用いられます。最近のニュースで、迷惑駐輪を防止するために巨大な「目」のポスターを設置したところ、効果がてきめんであったというものもありました。目というシンボルには「監視されている」「背後に知性を想像させる」というような心理効果があるのかもしれません。

つまり、目はコミュニケーションにおいて信頼感を司る重要な機能を持っている反面、生理的なレベルでの畏怖を引き起こす存在でもあるわけです。それに対して社会は、後者を乗り越えてでも前者を要求します。相手の目を見ることは「あなたが私の対話相手として信頼できるか、それをわたしの目によって見定められる覚悟はあるのか?」という「踏み絵」となっているのです。これを万人に求めることは、ときに弱者にとって暴力となります。本章でおなじみ、「視線の暴力」の一つの形です。

このような社会に生きづらさを感じているHさんは、それでもまだ医学的に治療が必要と言われる「視線恐怖症」という精神疾患ではないとのことです。そこで、あえてネットスラングとして正式な定義なく使われている「コミュ障」という言葉を使い、「視線恐怖症的コミュ障」という言葉を造りました。

私は医学のことは専門外ですが、何か疾病が医学的に定義されれば、その周辺に「病気というには軽症だけど、日常生活で困ることがある」というグレーゾーンが発生すると考えています。また、そのグレーゾーンに当てはまる人の数は、医学的に病気であると正式に診断される数よりも多い印象があります。グレーゾーンの人たちは、自助的・相互扶助的な方法で生活の質の改善を考えなければいけないことが多く、その上で情報技術は大変役に立つと私は信じています。

ビデオチャットではダメでした

そういうわけでHさんとの研究は、視線恐怖症的コミュ障である彼女自身の救済のための情報技術の開発ということになりました。Hさんとの議論で衝撃的だったのは、まず彼女が信頼のおける自分の実の親とも視線を合わせられないという点でした。信頼度と恐怖は関係ないようです。またさらに衝撃的だったのは、彼女が目の前の生身の人間の目だけでなく、ビデオチャットのような「二次元の画面上に表示された人間の映像」の目も怖いと打ち明けたことでした。

ビデオチャットに関する古典的な研究課題として、カメラとディスプレイの位置が多少ズレているので、アイコンタクトを取りにくい問題をどう扱うかというものがあります。カメラを見ると相手の顔を見られないし、ディスプレイに表示された相手の顔を見ていると、カメラから視線が外れるので相手にカメラ目線を送れないというジレンマに陥ります。

さまざまな研究が（より信頼感を高められる会話の実現という「崇高」な理想のために）アイコンタクトをどう成立させるかに取り組んで来た中で、私は逆に、現状の「普通のビデオチャット」こそが、視線恐怖症的コミュ障の救済に役立つのではないかと考えたのです。なぜなら、第一に対象が生身の人間ではなく二次元的な映像ですし、相互アイコンタクトがとれない、すなわちお互いに目を見合うことが起こらない点が保証されるからです。

しかし、彼女は対象が生身か映像かは関係なく、また「自分が相手の目を見ている」という事実が相互に伝わるかどうかが問題なのでもなく、目のビジュアルそのものが怖いというのです。これは表層的には先ほど紹介した、目のポスターによる迷惑駐輪減少のニュースと同じ理屈ですね。そもそも単純な目のビジュアルにはなぜ畏怖の効果があるのでしょうか。私は「背後に監視する知性を感じさせるから」と考えていましたが、このビデオチャットに関するHさんとの対話で得られたのは、より深い考察でした。

目はその持ち主であり、目の背後にあってあなたを監視する知性（すなわち対話相手）が何者なのかが明確にわかっていて、しかもその目を通してあなたを監視していないとわかっていても、畏怖の対象となり得るようなのです。

会う人すべてにモザイクを

議論の末、彼女と開発した、彼女を救済できる支援技術、それが「視線恐怖症的コミュ障のためのメガネ」です。シースルー型ＨＭＤ（メガネ型の情報機器で、人間の視界に好きな映像を人工的に重ね合わせて見せることができるもの）を使います。仕組みは極めて単純。自分の視界に人の顔が入ったら、その人の顔にモザイクをかけて、目を含む細部の顔の造形がよくわからないようにしてしまうのです（**図13**）。要するに、監視されているかどうかの事実が問題なのではなく、単純に目のビジュアルが嫌なのだから、文字どおり画像（ビジュアル）処理の問題でなんとかできる、という結論なのでした！

シースルー型ＨＭＤにはほぼもれなくカメラが搭載されており、ユーザーの視界と同等の画像を撮影し、コンピュータで処理できます。人間の顔を検出する技術は今やおなじみのものですから、難なく完成させることがで

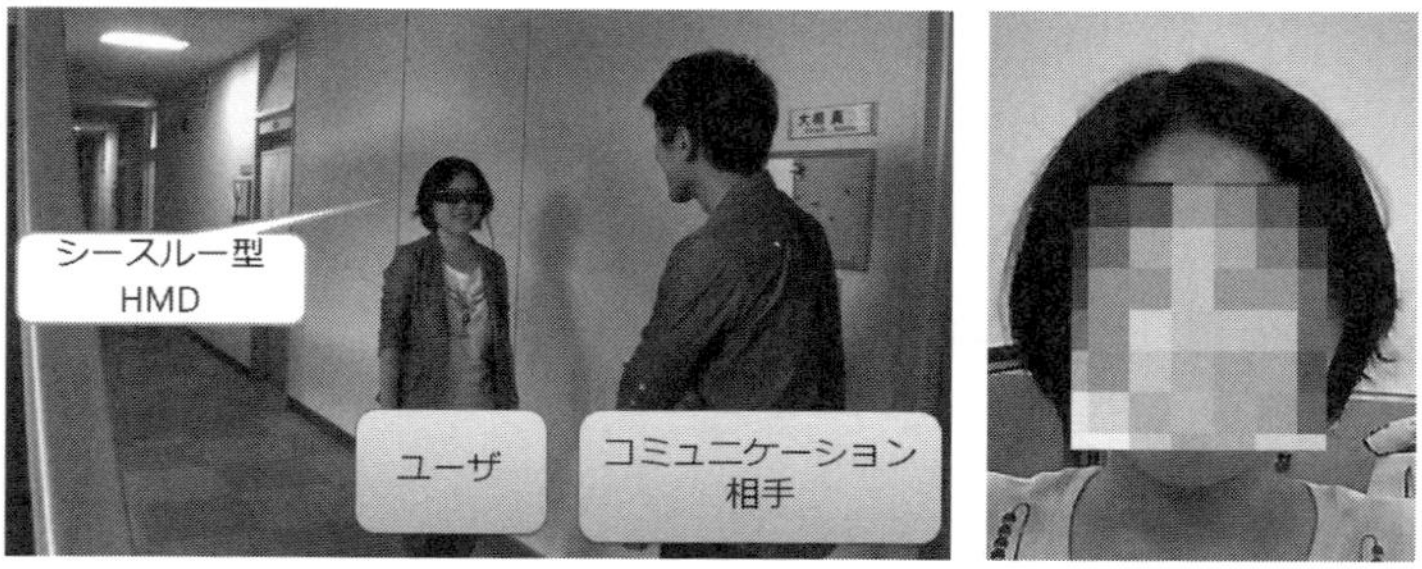

図13 視線恐怖症的コミュ障のためのメガネ（左：概要図、右：モザイク効果のコンセプト図）

きました。実際に彼女はこの装置を用い、相手と、面と向かっての会話を実感することができました。いまでこそまだ装置は普通のメガネと呼ぶには多少ゴテゴテとした印象ですが、日進月歩の技術により、ゆくゆくは生活になじむような自然なメガネになっていくことでしょう。それこそ、視力が悪いという問題を解決するために開発された「メガネ」という人工物が、やがては身体の一部、オシャレの一部として社会に溶け込んできたように。

ところで「顔をモザイク処理してしまったら、表情や視線方向などのコミュニケーションで重要な視覚的要素を捨ててしまうのだから、マズイのではないか?」というご指摘もあると思います。私もそう思いました。しかしHさん曰く、なんとかなるそうです。視線恐怖症的コミュ障の人は、それでも生きるためには対人コミュニケーションを重ねないといけないので、経験的に声のトーンや身振りなどの他の手がかりに敏感になり、必要な情報を補えるようになるそうです。

社会福祉学的アプローチ

また、この発明では障害者の支援を考える学問である社会福祉学に学び、「保護」と「改善」の両方を扱えるシステムとしました。保護とは、社会的弱者がその弱さを抱えつつも、生活の質が下がらないような支援をすることです。一方で改善は、社会的弱者が望むなら、その弱さを克服できる支援をすることです。

今回のケースでは、モザイク処理は保護に当たります。視線を合わせられないという弱さはそのままで、一見すると健常な人とほぼ同じコミュニケーションをとることができます。一方で改善として、「矢印ガイド機能」を実現しました。視界に入った人の顔を検出するところまでは同じですが、モザイク処理するのではなく、相手に視線を向けられるよう、どちらの方向に顔や目を向けるべきかをお知らせしてくれる機能です（図14）。

保護と改善は、支援の両輪です。近年までは「コミュ症？　直せよ！」というような、弱さは甘えであって改善するのみであるというような根性論が蔓延していましたが、より良い社会というのは弱者に対し、保護も改善も手段が充実していて、症状や意思に応じて弱者自身がその支援方法を自発的に選択でき

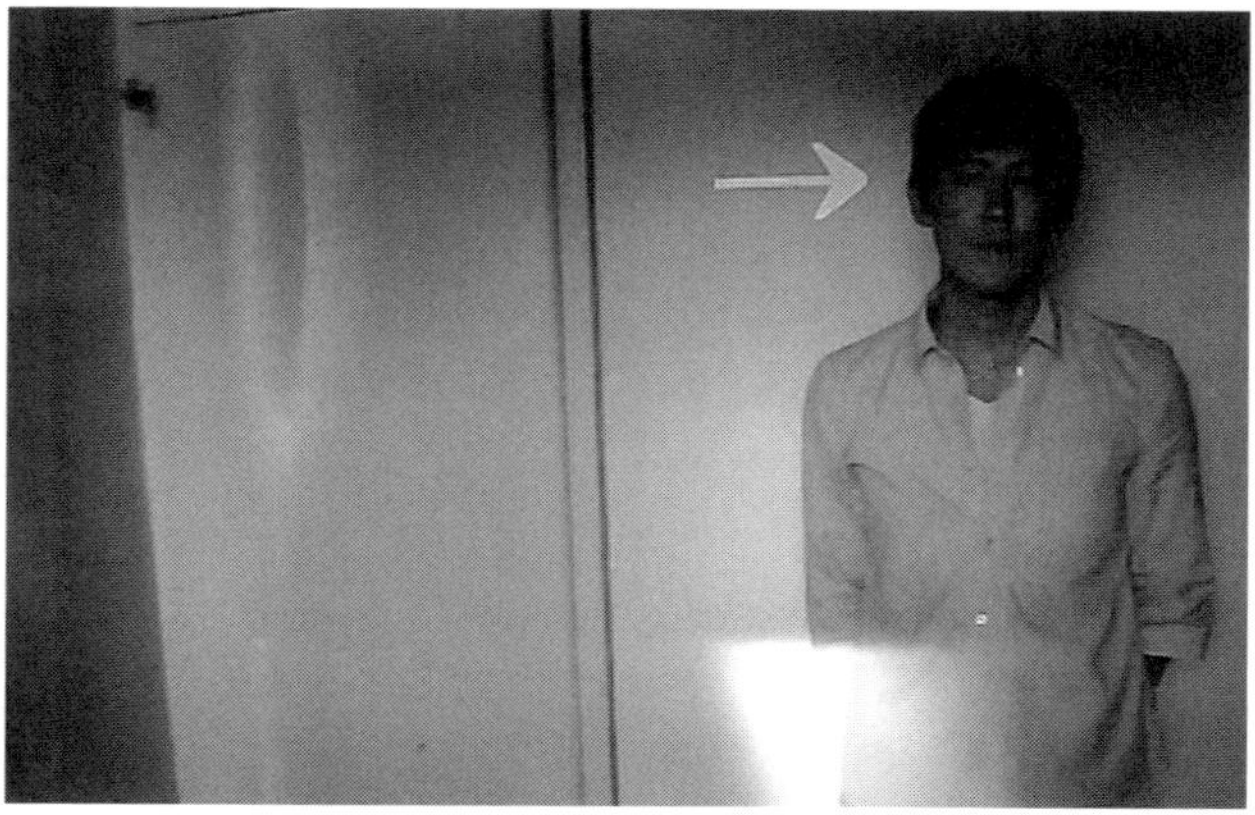

図14 矢印ガイド機能。もう少し右に視線を動かすよう、うながしている

ること、そして、そのような試行錯誤について周囲の人々も寛容であること、そのようなことが実現しているものではないでしょうかね。

恒例ですが最後に、「対話の時代の二十一世紀の自衛兵器チェックリスト」になぞらえてこのシステムを検証してみましょう。

対話の時代の二十一世紀の自衛兵器チェックリスト

☑先手が有利になっていませんか？
☑お互いに使っても破滅しませんか？
☑相手の暴力を原動力としてお返ししていますか？
☑威嚇になっていませんか？
☑相手に物理的に反撃されませんか？

今回扱った「視線の暴力」は、そもそも対人コミュニケーションでは当然のごとく行われている「相互に目を合わせること」の暴力性です。これに対し「あなたは暴力的だから改善を要求する！」などと「反撃」したところでおそらく不毛でしょう。彼女は他者を、環境を変えようとするのではなく、「自分一人の世界（の認知）を変える」という突き詰めた発想によって問題を解決したのです。先手とか後手とかはちょっとどう定義してよいのかよくわからなくなってしまいましたが(笑)。相手には、何かされているという事実自体が伝わりません。耳の開閉状態を相手に見せて理解させようとする開放度調整ヘッドセットとの大きな相違点はここにあります。ですから不興を買い、物理的な反撃を受けることは考えにくいでしょう。攻撃に気づかれなければ、反撃のしようもありません。

無事すべてのチェック項目が埋まりました。最終兵器としてふさわしい出来といえましょう。Hさんという鬼才との邂逅を経て、自衛兵器探求はここへ来て「戦わずして勝つ」「吾唯知足《われただたるをしる》」の境地に至ったといえます。

悲哀と決意を胸に

Hさんはこの視線恐怖症的コミュ障のためのメガネの研究論文を引っさげて、二〇一四年冬、国内の情報科学系の権威ある某学会で研究発表しました。

「私はコミュ障なので友達ができず、卒業後の同窓会に呼ばれなかった。一度呼ばれないと、次回にも呼ばれない。すなわち数学的帰納法により、一生同窓会には呼ばれない」

「私は私なりに試行錯誤している。コミュ障だけど、自分の世界は変えることができる」

「とはいえ、私は一人では生きていくことができないことは自覚している。対人コミュニケーションも、苦手で苦労しているだけであって、没交渉になりたいわけではない。どうか、社会も温かい心で見守ってほしい」

彼女はコミュ障の悲哀と決意、社会提言を懸命に訴えました。その発表は多くの参加者に衝撃と共感、そして深い感銘を与え、学会初参加、初発表にもかかわらず、全発表から一名だけ選出される「発表賞」を受賞したのです。めでたし、めでたし。

後日談：二〇一六年七月から放送されたアニメ『アクティヴレイド―機動強襲室第八係―2nd』に、なんとこの視線恐怖症的コミュ障メガネ（としか言いようがないもの）が登場しました！　ウィキペディアによると、「鏑木まりも」さんというキャラクターで〝視線恐怖症の気があるため、有事中は他者の視線に電子的なモザイク加工を施せるメガネを装備する。テレビ電話でも本人は映像に映らずマリモの映像を映している〟のだそうです。科学がＳＦに影響を与えたとしたら光栄ですね。もしかしたら、本研究とはまったく関係なく出たアイデアかもしれませんが、そうだとしても時代が求めた結果のシンクロニシティです。同胞の活躍を応援したい気持ちです。

1.4 奇妙な発明たちが教えてくれたこと

最後は哲学的・禅問答的な方向に進んでしまいましたが、対話の時代である二十一世紀にふさわしい、対人コミュニケーションにおける自衛兵器の探求の旅はいかがだったでしょうか？　若干の整理をして、次の方に譲りたいと思います。

本章ではたくさんの「奇妙な発明」が登場しました。これまでの私（やHさん）のコミュニケーション苦手意識から絞り出された研究開発の成果です。いま振り返ると、私はこれらを通じて「情報システム、道具により、人間社会の権威やつまらない暗黙のルールがいとも簡単にほころんでしまう」ということを示したかったのかもしれません。社会の重箱のすみをつつくようなゲリラ的な活動ですが、みなさんが日常の苦難を考える上でのヒントとしてご活用いただけるなら、この上ない喜びです。もしコミュニケーションの苦手意識を持っている人が「こんな自分はダメだ」と思っていたとしたら、こういうメッセージを送りたいです。

まず、そのような苦手意識はあなたの個性とも言えるもので、視点を変えれば長所としても見ることができること。合コンが苦手なのは、人との付き合いを真剣に考えているからだということを思い出してください。そして「世の中こういうものだ、仕方がない」と思っていた、自分を苦しめる暗黙の社会のルールのようなものは、実はひどくもろいものであり、案外簡単な仕掛けによって変えられるかもしれないということ。奇妙な発明の原理が、案外簡単なものであったことを思い出してください。

あなたとともに考えていきたい

ひとえに私の力不足ですが、これらの発明によってそれぞれの問題が完全に解決するわけではありません。「この程度の思慮で私の抱えている深い悩みが解決できるなど、夢々思うな」という厳しいご指摘の声が聞こえてくるのがわかります。

私たちは自らの力不足を自覚したうえで、そのような声にいつでも真摯でいたいと思っています。社会の構造を変え得る力を司る情報システム設計開発者として、常にその強大な力を畏れ、また弱者への配慮を怠らない、その姿勢を大切にする。また人的、情報科学的なものを問わずに、あるシステムが人々に及ぼす影響について議論を絶やさない、そんな技術者観を持ちたいものです。

まずはその言い出しっぺとして、私の今回の発明についての限界を自ら指摘して今後の自分自身や後進の研究者の指針としたいと思います。それは「消極性を支援することと悪意の攻撃性を隠匿することは、しばしば分離できず、悪用が可能となる」という点です。

私はしばしば、「攻撃の主体が自分であることを相手に伝えない工夫」を考えてきました。しかしそれは同時に、自分を安全地帯に置きつつ、いくらでも他者を攻撃できる環境を実現する工夫ともなり得ます。

スピーチジャマーやのぞき見防止検出器の紹介の際に議論しましたが、対象によっては使う人の倫理観が重要であり、個人や集団で特定の無実の人をいじめることが可能です。インターネットの匿名掲示板での個人の誹謗中傷事案を見るにつけ、倫理観というものがいかに無力かということは周知のことかと思います。倫理観、すなわちマナーへと帰着することを、私自身、技術屋としての敗北と感じていることは、すでにお話したとおりです。

注意深く応用先を見極め、適切にシステムデザインをすることにより、それらを回避することは可能ではないかという希望的観測のもと、現状ではチェックリストのような形でそれを言語化していますが、およそ完璧だとは言えない代物です。今後の発展にご期待ください。そしてみなさんも、「作る側」の人間として、この飽くなき探求に同志として参加してくれると、たいへん心強いです。

※1：スピーチジャマーのデモ動画、および「簡易版スピーチジャマー」［http://unryu.org］
※2：開放度調整ヘッドセットのデモ動画［http://unryu.org］

SHY HACK Before/After 早見表

◆ハック前

・きつく言い返しすぎることを恐れる
・言って逆ギレされることを恐れる
・じっと耐える
・耐えている様子が相手に伝わってしまう

◆ハック後

・相手の暴力を原動力として「お返し」する
・性能の悪い人工知能の暴発を装う
・自分のつらい感覚を軽減する防御策を講じる
・防御している事実を相手へ伝える度合いを調整できる

シャイ子とレイ子 #1

自衛兵器ねぇ……合コンは弱肉強食の場でしょ。しゃべってナンボ、私たち女子を楽しませてナンボじゃないかなぁ。暗い顔して黙っているくらいだったら、来なければいいのに。この栗原センセイってちょっと自意識過剰というか、いろいろ気にしすぎなんじゃない？　正直なところ、全然ピンと来なかったわ。えっ？　シャイ子？

(ToT)

まさかの感涙ですかー!!

……私がいままで言えたくて言えなかったこと、反抗したくてできてなかったことを、いろいろな発明を通じて社会に訴えかけているのですね……。

でもさぁ、百歩譲ってセンセイの教えをありがたく聞いたとして、結局私たち、どうすればいいのかなぁ。私、全然コンピュータのこと詳しくないし、ああいう発明なんてできそうにないよ。

うーん、そうね。私も無理かも……。でもね、私、勇気と希望をもらった気がする。私は人付き合いが苦手だけど、必ずしもそれは直すべき課題じゃなくて、個性なんだなって。世の中これが普通だから仕方ないって思っていた不条理も、案外もろい、その程度のものなんだなって。

おおお、ピュア過ぎて鼻血が出るわ。

それに、高度な発明は無理でも、たとえば学校やバイト先の身近なコミュニケーションの問題に対して、ちょっとしたアナログな工夫や仕組みづくりで改善することだったらできるかもしれないと思ったよ。

それなら私、オシャレカフェでバイトしてるんだけど、ノートパソコンを広げてものすごく長居する客に店長が困ってるのよ。どうにかできないかな。

うーん、たとえばこういうのはどうかしら。どうせそういう客はアップルとかのオシャレ系ノートパソコンを使ってるんでしょ？　あの手のパソコンは画面にツヤがあるから、強い光に弱いのよ！　机の高さとか照明の角度を調整すれば、どうにも反射が眩しくて作業に集中できない、オシャレ系ノートパソコンお断りカフェのできあがり!!　名付けて『北風よりもシャイニング作戦』よ！　むふふふ！

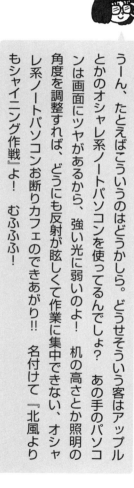

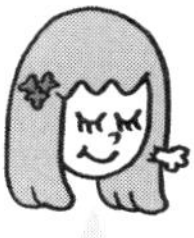

別にオシャレ系ノートパソコンを駆逐したいわけじゃないんだけどな……。いやはや、ホウキを逆さに立てるとか言い出すかと思ったら、目も眩む陰湿さ。恐れ入ったわ。（ま、いいや、ネタとしてイケメン店長との会話に使わせてもらうわ。シャイ子、ありがとう）

二人はしばし作戦会議に花を咲かせました。その様子を別室の安楽椅子からモニター越しに終始見ていたのは、消極性研究領域の重鎮、通称「ハカセ」です。

ふぉっふぉっふぉ。二人も消極性の世界にいよいよ飛び込んだようじゃの。そう、まずは身近なところから考えていくのがよかろう。人生のすべての問題は人間関係に関するものであると言っている心理学者（アルフレッド・アドラー、オーストリア出身の精神科医で心理学者、社会理論家。「個人心理学（アドラー心理学）」の創始者）もいるくらいじゃ。今、目の前にいる他人とどうコミュニケーションをとるか。社会に生きる誰もが常に巻き込まれる、基本にして永遠の課題じゃよ。

第2章

考えすぎを考えすぎよう

人が集まるイベントなどにおけるコミュニケーション

西田健志

2.1 大丈夫？

大学の先輩が企画する新入生オリエンテーション、会社の先輩が企画する新人研修、その他、大勢の人が参加する懇親会・コンパといったイベントの前になると何とも気が重くなってきて、「どうしても参加しなければならないのでなければ欠席で済ませたい……」と心の中では思っているけれど、そんなことを口に出してしまえば雰囲気を悪くしてしまうのは間違いないから、代わりに「私そういうの苦手で…」と諦め半分で助け船を求めてみる。「そういう人でも楽しめるようにいろいろ考えてるから大丈夫だよ」と先輩は言う。周りの同期は「先輩は優しくて気が利くなあ」とでも言いたげな感心顔だけど、私は知っている。こういうのが一番ヤバいやつ。

イベント当日、喧騒の中で、私は何とか自分と同じような人を見つけて生きのびている。もともと少人数でゆっくり話をするのは嫌いではないし、誰かが一生懸命話しているのに耳を傾けているのも、よほど底の浅い自慢話でもない限りは好きなほうだと思っている。ただ、むやみに大勢で集まって、私が私が、と話の主導権を取り合う不毛な戦いに不戦敗を決め込んで聞き役に徹していると、「大丈夫？　楽しんでる？」と心配されたりする。

こういう場が苦手なだけなのに。

部屋の片隅に一人でいる人が視界の端に入ってくるけど、全員を助け出そうというほどの信念もなければ余裕もない。知り合いが一人でもできれば自分としては上出来である。よくやった自分……。拡声器を通して喧騒を破るように私の不安が的中したのは、まさにそのときだった。

恐怖のジェスチャーゲーム

「それでは、これからジェスチャーゲームを始めます！　名札の数字が同じ人どうしで集まってください」

先輩……、いろいろ考えた結果がジェスチャーゲームって、何がどう大丈夫なの？　なんで無駄に恥を捨てることを強要されなきゃならないのかな。これでも私は私なりにこの場を楽しんでいたのに。あ〜、もう、早く終わってほしい。

「出題役の人はスケッチブックに書かれたお題をチームのメンバーに伝わるようにジェスチャーで表現してください。言葉を使ってはいけません。出題役以外の人はジェスチャーを見てお題を当ててください。正解すると1ポイントです。出題役を交代しながら私が『終了！』というまでゲームを続けてください。一番ポイントが多かったチームには商品を用意しているのでがんばってください……」ルールの説明は続く。優勝したら私が望むのは二度とジェスチャーゲームをしないでいい権利、いや、私だけ参加しないのは変に目立ってしまって意味がないから、いっそこの世の中からジェスチャーゲームがなくなってくれないとダメか…。

消極的な人に届かない言葉たち

積極と消極の間

世の中の「優しくて気が利く先輩」は消極的な人のことを気にかけているつもりが、なぜ、フタを開けてみるとまったく的外れな、ジェスチャーゲームのような企画をイベントに盛り込んでしまうのでしょうか。何がどう「大丈夫」だと思ったのでしょうか。なぜ、「消極的な私」はそういうのが一番ヤバいやつだと知っていたのでしょうか。なぜ、両者の間にはこれほどまで大きな隔たりがあるのでしょうか。

盛り上がっていない人がいるのが心配

このようなイベントを企画するのも工夫をするのも積極的な人たちであることが多いです。イベント企画に限った話ではありませんが、積極的な人たちが消極的な人たちについて、まずどういう心配をするかというと、「盛り上がっていない人が同じ場に存在すること」

を心配します。自分たちがワイワイ盛り上がっているところにつまらなそうに静かにしている人がいるのが我慢できない、そんなことが絶対にないようにイベントを企画したい、そういう心配です。なるほど、ジェスチャーゲームのような発想が出てくるのもそれならうなずけます。全体として盛り上がっているように見える、という意味ではきっとそれで「大丈夫」なのでしょう。

しかし、これでは盛り上がっていない人がいると我慢できない自分のことを心配しているだけであって、消極的な人たちの気持ちを考えているとは到底言えません。静かに自分なりに楽しんでいるのではダメで、誰から見てもわかるように盛り上がることを期待してくるわけですからたちが悪い。そんな身勝手な自分のエゴを押し付けておいて、優しくて気が利く、とは勘違いも甚だしいというものでしょう。

わかりやすく盛り上がることを期待されるのが心配

消極的な人がそういったイベントを前にして心配するのは、まさにこの「わかりやすくちゃんと盛り上がることを期待されること」です。消極的な人たちの一番嫌がることをしながら善行を積んでいるつもりになっている人がいるとしたら、皮肉としか言いようがありません。

本当に優しくて気が利く先輩を目指したいならこれからは悔い改めて、消極的な人たちの心配にもっと寄り添うべきです。どうしてもジェスチャーゲームでちゃんと盛り上げたいなら、いっそのことドSな先輩にくら替えして、消極的な人にとっては厳しい試練となるイベントを準備しているとストレートに伝えてくれたほうが、覚悟できる分まだマシです（厳しい試練に見合う成長がジェスチャーゲームで得られるとは私には思えませんが）。

度重なるすれ違いが生む警戒心

小中高と集団生活を送る日々の中で、盛り上がり至上主義者の企画したイベントに招待されることは少なくありません。そのたびに「大丈夫」といった言葉を信じては繰り返し裏切られてきた消極的な人たちに対して、言葉はほとんど役に立たなくなってしまいます。大丈夫、心配ないよ、絶対楽しいよ……、どのような言葉を尽くしたとしても「頼むからしっかり盛り上がってくれよな」という都合のよい心の声が筒抜けになっていて、安心感を与えるどころか長年の経験で鍛え抜かれた警戒心を呼び覚ましていると思って間違いありません。

安心させようとして言葉をかけているのにほとんど反射的に警戒されてしまうという状態はなかなかやっかいです。言葉をかけているのが実は、消極的な人の心配をよく理解している本当に優しくて気が利く人だったり、なぜかイベント企画をすることになってしまった消極仲間だったりして本当に大丈夫そうなときでも、言葉だけでは盛り上がり至上主義者と区別がつかないので、同じように警戒されてしまうということになります。

実際に参加してみたら「こういう、本当に大丈夫なイベントもあるんだな」と希望が芽生えるチャンスですが、その誤解を解くチャンスにもできないまま参加を辞退されてしまうことがあり得るというわけです。

消極的な人が安心して参加できるイベントを企画するためには、何よりもまず盛り上がり至上主義を抜け出すことが必要です。でも、それだけだと具体的にはどういう気配りをすればいいのかわかりませんし、気配りしていることをどうやって伝えれば警戒されることなく安心してもらえるのか、という疑問が残ります。そのためには消極的な人たちのことをもう少し深く考えてみる必要があります。

図1「大丈夫」「心配ないよ」「絶対楽しいよ」という言葉が届かない

ここからは私がこれまで実際に行ってきた情報技術を駆使した気配りの紹介を通して、これらの疑問について考えていきたいと思います。

2.2 学会におけるコミュニケーションの促進

コミュニケーションにも吹く改革風

二〇一二年のある日、とある情報科学分野の学会で実行委員長をされていた先生から私は次のような相談を受けました。「『〇〇さんと話したい』という希望を参加者が事前に匿名で登録して、集まったみんなの希望をできるだけ叶えるように夕食のときの席を決めてくれるシステムを作ってほしいのだけど、お願いしてもいいかな？」

その学会は、全国から集まった百八十人くらいの参加者が同じ会場に泊まり込んで、寝食をともにしながら研究の議論に花を咲かせる、私たちにとっては一年に一回の合宿のようなイベントです。例年、食事の時間になると、全員分の食事がずらっと用意された大きな会場にぞろぞろと移動して、到着した順にパラパラと自由に着席していました。このやり方を変えて、希望に合わせて決める指定席制にしようという提案です。その先生の話では、「学会の間にあの人と話そうなどと事前に考えていくのにいつも話しそびれてしまうので、そういうシステムがほしい」とのことでした。

そのイベントのためだけにわざわざ新しくシステムを開発するという発想が出てくること自体は、情報科学分野の人たちならではのやりとりといって間違いないと思います。しかし、そういう改善・改革の意識は今やどこにでも見られるのではないでしょうか。政治家も経営者もみんなカイカクカイカクと言っているイメージがあるのは私だけではないですよね。私自身も改革好きですが、チャンスが巡ってくることはなかなかありません。できれば、このような改革風にはうまく乗っかって、消極的な人にも優しい世の中を実現していきたいと私は考えます。

はたして、私が先生に提案されたシステムは消極的な人の喜ぶシステムになっているでしょうか。

意外に？　消極的な研究者たち

数あるイベントの中でも、研究者の集まりである学会は消極的な人たちにとってかなりハードルの高いものです。「学会」というと大きなホールのような場所で大勢の人を前にして研究成果を発表しているところを想像する人が多いと思います。消極的な人にとって大勢の前で発表するのはもちろん大変ですが、それは想定の範囲内というもので、しっかり練習していけば意外と乗り切ることができます。実は、発表以外の時間――休憩時間であったり、懇親会であったり――のほうがよっぽど大変だと思っている人が多いのではないかと思います。そんなに苦手なら、発表だけがんばってあとはおとなしくしていればいいと思うかもしれませんが、新しい研究のアイデアや共同研究の話が生まれるチャンスをみすみす逃がしてしまうのはよいことではありません。

おっと……「そもそも、学会に消極的な人なんているんですか？」というみなさんの心の声が聞こえてきましたね。確かに、みなさんがテレビなどで目にする研究者はだいたい積極性の塊のように見える人が多いので、そう思うのは無理もありません。現実には、懇親会会場の入り口で一緒に座る人を見つけられないで、まわりの様子をキョロキョロと伺っている人が多いせいで入り口が詰まってしまうほど消極的な人が多いのが実情です（何を隠そう、私もその一人なわけですが……）。

希望が叶うかどうかはともかくとして、システムが席を決めてくれることは、どこに座ろうかとキョロキョロしながら会場の入り口で立ちすくんでいることの多い私自身にとってもありがたい話です。誰の隣になるかわからないのは不安ですが、新しい人との交流を求めている状況では、話してみたいと思う相手に声をかける不安のほうがはるかに勝ります。相手は自分なんかとは隣になりたくないのではないか、相手には自分以外に話したい相手がいるのではないかなど、悩みの種は尽きません。

システムが席を決めてくれるのであれば相手に声をかける必要がなくなるので、決められた結果を受け止めることだけに集中することができそうです。何回かその学会に参加してきた経験から、同じように感じる参加者はきっと少なくないだろうという実感もありました。特に情報科学系のコミュニティには（これもみなさんのご想像どおりかもしれませんが）、消極的な人が多いのです。

楽しい夕食の時間が来る……？

しかし、もう少しよく考えてみると、状況が本質的にはあまり変化していないということに気付きます。

システムが希望を叶えてくれたおかげで、めでたく希望どおりの相手と隣の席に座ることができたらどうなるか想像してみてください。その相手からしてみれば、自分の希望とは違う人が隣にいるわけですから「なるほど、隣にいるこの人がきっと私と話したいと希望したのだろうな」と簡単に予想できてしまいます。希望を入力するときは匿名だったのに、いざ希望が叶ってしまうとバレバレになってしまうというわけです。これでは相手に直接「隣に座ってもいいですか」と聞くのと気分的にはほとんど変わりません。「それができたら苦労しない！」という心の叫びが聞こえてきます。

これでは消極的な人にとって喜ばしいシステムであると主張することは、私にはとてもできないと感じました。

消極的な人は考えすぎる人

怖いものは怖い

ここまで読まれたみなさんの中には「そこまで心配してどうするの。そこまで考える人はいないし、大げさすぎでしょ」と思った人もいるのではないでしょうか。確かに、実際に他の参加者の希望を予想し始めるような人はそこまで多くはないのかもしれません。

しかし、心配性な人たちの頭の中に浮かび上がってしまっている時点で、そういう人が実際にいるかどうか、多数派か少数派かは別として「恐れ」は実在しているのです。実際

図2 いざ希望が叶ってしまうとバレバレ

に起きたことでもないのに悪夢に対して恐怖を感じてしまうのと似たようなもので、人は想像で怖がることもできるし、怖い想像でやめてしまうこともできるのです。

反対に、「自分は消極的だ」と自覚しているような人たちには「そうそう、私もそういう心配をしてしまうし、きっと同じような人が多いはず」と感じる人が多いのではないでしょうか。これは「そんな人はいない」と考えてしまう人がいるのとほとんど同じ現象の裏返しで、どちらも「自分と同じように考える人がほとんどだろう」という勝手な思い込みです。現実にはどちらのタイプの人も一定数いるのですが、他の人の考え方を想像するときには、どうしても自分の考え方を元にしてしまうものです。

このような積極的な人と消極的な人の考え方に生まれるすれ違いは、イベントに対する態度や姿勢に少なからず影響を及ぼしています。積極的な人にとっては、消極的な人たちがイベントに参加するとき、具体的にどのようなことをどれぐらい心配しているのか想像しづらいので、消極的な人たちは単に人と交流したくないかイベント内容に興味を持っていないかのどちらかだと考えてしまいがちです。その状態で何らかの対策を講じようとすると、心配を解消するのではなく、興味を持てるように企画内容を工夫する方向に発想することが多くなります。その結果、ジェスチャーゲームのような企画が盛り込まれて、ますます不安が増して参加しづらくなってしまう可能性が高くなります。もちろん、消極的な人たちにとっては、なぜそんなことになるのか理解に苦しむことになります。

消極的といっても、積極的な人がイメージするほどの典型的な人嫌いはほんの一握りで、積極的にふるまえないながらも交流するのは好き・交流したいと考えている人、表面的には消極的に見えないけど自分では消極的だと自覚しているような人など、さまざまな段階の人がいます。しかし、どの段階の人にも共通するのは、人と交流することについて深く考えすぎなのではないかというほど考えているということです。

心のスポーツ

そのように頭を使って人と交流するのは心のスタミナを消耗します。「今日は楽しすぎた！」と浮ついた集合写真をSNSに投稿するようなタイプの人たちが人と交流することで元気を充電しているのとは実に対照的です。ですが、消極的

	積極的な人の考え	消極的な人の考え
どうして参加したくない?	イベント内容・交流することに興味がない	交流することに興味がないわけではないけど、怖い
だからどうする?	イベント企画を工夫しよう	怖さを減らしてほしい
感想	私の企画、みんな楽しんでくれてよかった!	なんで意味もなく、こんな怖い目にあわないといけないの…

図3 積極的な人と消極的な人の考え方に生まれるすれ違い

な人たちも交流を楽しめないというわけではありません。

積極的な人たちにとって人との交流が食事のようなものだとすると、消極的な人たちにとってはスポーツのようなものだとたとえられます。食事もスポーツもどちらも楽しめるものですが、スポーツの場合には練習や休憩が必要ですし、体力や練習量に比べてハードな運動をすればケガしてしまいます（もしかすると、積極的な人たちも人とたくさん交流した後にはおなかいっぱいでつらいのと似たようなときがあるのかもしれませんが、だからといって食事の訓練を積むのは、フードファイターのような例外的な場合だけでしょう）。

人との交流では身体よりも頭をよく使うので、将棋や囲碁のほうがイメージ的に近いかもしれません。実際、消極性の達人は「自分がこう言うと相手がこう返すから…」と頭の中で二手も三手も読む思考を重ねています。中には考えすぎるあまり、まわりが、見るからに自分よりも消極的な人ばかりであるようなときにはまるで積極的な人のように、一人でいる人に声をかけたり、その場をリードしようとしたりする人もいます。深く考えた結果、それが最善の一手である場合も少なくないわけです。もともとの性格は消極的なのに積極的な行動を求められることが多かったせいで、走り込みを重ねたマラソン選手のごとく心のスタミナがアップした人たちは、パッと見には積極的に見えることも多いでしょう。消極的な人たちのことをよく理解しながらも、積極的にふるまうことのできるこのような人たちは、消極的な人に優しいイベントを企画・運営するうえで心強い味方となり得る存在です。

人の性格に配慮したデザインを志すにあたって、まずは「みんな自分と同じように考えるだろう」という思い込みを意識的に排除し、さまざまな性格の人からのさまざまな反応に対して想像を巡らせ、消極的な人たちの思考や心配を、棋士のように深く読めるようになることが必要です。それが難しいのであれば、積極的に見えるけど実は消極的だという人を仲間に入れるのが一番です。あなたのまわりにもそんな人がきっといるはずです。

自分だけ初心者（コース）は恥ずかしい

ぼっち席

それでは、さっそく消極的な人の思考や心配をトレースする練習といきましょう。私の勤め先である大学の食堂には、大きなテーブルに一枚の衝立を立ててカウンター席のように改造した一人用席（通称「ぼっち席」）が設けられています。大きなテーブルに一人で座っていると友達がいないみたいで恥ずかしいという声を受けて講じられた対策だと聞きますが、これは消極的な人にとって喜ばしい工夫だと言えるでしょうか。

　昼の混雑した学食に一人で行くと、先にグループが座っているテーブルのぽつぽつと空いている席を探して「ここ空いてますか」など声をかけて座り、気配を消しながら食事することになりますが、一人用の席があればその心配は不要です。しかし消極的な人なら「ぼっち席に座っていたらぼっちなのがます目立ってしまうかも」と心配になるのではないでしょうか。みんなでスキーに行ったときに、他の人は経験者だから上級者向けのコースに行くのに自分だけ初心者コースに行くのが恥ずかしいのと似たような話ですね。結局食堂には行かず、それまでどおり、どこか別の場所でひっそりと食事を済ませているという人もいそうです。安くて栄養バランスのよい食事に一人だとありつけないというのは悲しい話です。

図4 一人用席（通称「ぼっち席」）

全員初心者コースは嫌がられる

消極的な人のことだけを考えるのであれば、食堂に来た順に整理券を引いてもらって指定された席に座る方式など、全員を強制的にぼっち状態にしてしまうほうが優しいでしょう。全員で同じコースに行けば恥ずかしくないという発想ですね。しかし、それではグループで学食に来る学生が嫌がるでしょうから、そこまでしている学食はないようです（「味集中カウンター」と呼ばれる、強制ぼっち状態の席で料理を提供するラーメン専門店「一蘭」が人気を集めていることから考えても、そう突飛な発想ではなさそうですが……）。

消極的な人を初心者コースに送り込むのも、全員を初心者コースに送り込むのもうまくいかないのであれば、初心者コースを用意するという発想そのものを改めなければなりません。

実際には、一人用席はなかなか利用率が高いようで、導入したという話は聞きますが、廃止したという話は今のところ聞きません。食堂は毎日のように利用するものですから、新たに生じる心配よりも解消される心配のほうが大きいということがだんだんと実感されているのかもしれません。ただ、一回きりのイベントや一年に一度しかない学会のようなイベントの場合、消極的な人たちだけをあからさまな初心者コースに送り込もうとすることは、イベントへの参加そのものを敬遠されることにつながる可能性があるので避けたいところです。

消極的な人たちにとって、人との交流は楽しめるけどきついスポーツのようなもので、イベント企画側は消極的な人たちの思考や心配を考慮して適切にその難易度を調整する必要があります。その際、スキー場の初心者コースを作るようなつもりで考えたのでは消極的な人が消極的であることを目立たせてしまうため、参加することそのものを敬遠されてしまいます。難しいようですが、初心者から上級者まで一緒になって楽しめるイベントを企画する意識を持って、交流の機会をデザインするのが理想です。

消極的な人も安心して利用できる席決めシステム

希望入力の工夫

話を戻しますが、私は学会向け夕食席決めシステムの開発を引き受け、消極的な人にとっても喜ばしいデザインを目指すことにしました。それまでにも消極的な人たちのことを考えて研究してきた私にとって、それはごく自然な発想でしたし、それまでの経験から、ちょっとした一工夫で実現できるだろうという予感もありました。

私が夕食席決めシステムに施した一工夫は、「〇〇さんと隣の席になりたい」という形ではなく「○○さんと□□さんが近くの席になったらいいな」というようにするように、二人の人を指定する形で希望を登録するようにするというものでした。もちろん、二人のうちどちらかを自分にすれば自分の希望を登録できますし、そうしてほしいという気持ちが伝わるよう、希望を登録する画面で最初は自分の名前が選ばれているようにしました。

楽しい夕食の時間が……来る！

もう一度、希望どおりの相手と隣の席になれたときのことを想像してみましょう。相手からしてみれば登録した希望どおりにならなかったわけですが、自分以外の誰かが二人が近くの席になるように希望したというところまでしかわかりません。自分で登録した希望が叶ったときも、素知らぬ顔をしていれば自

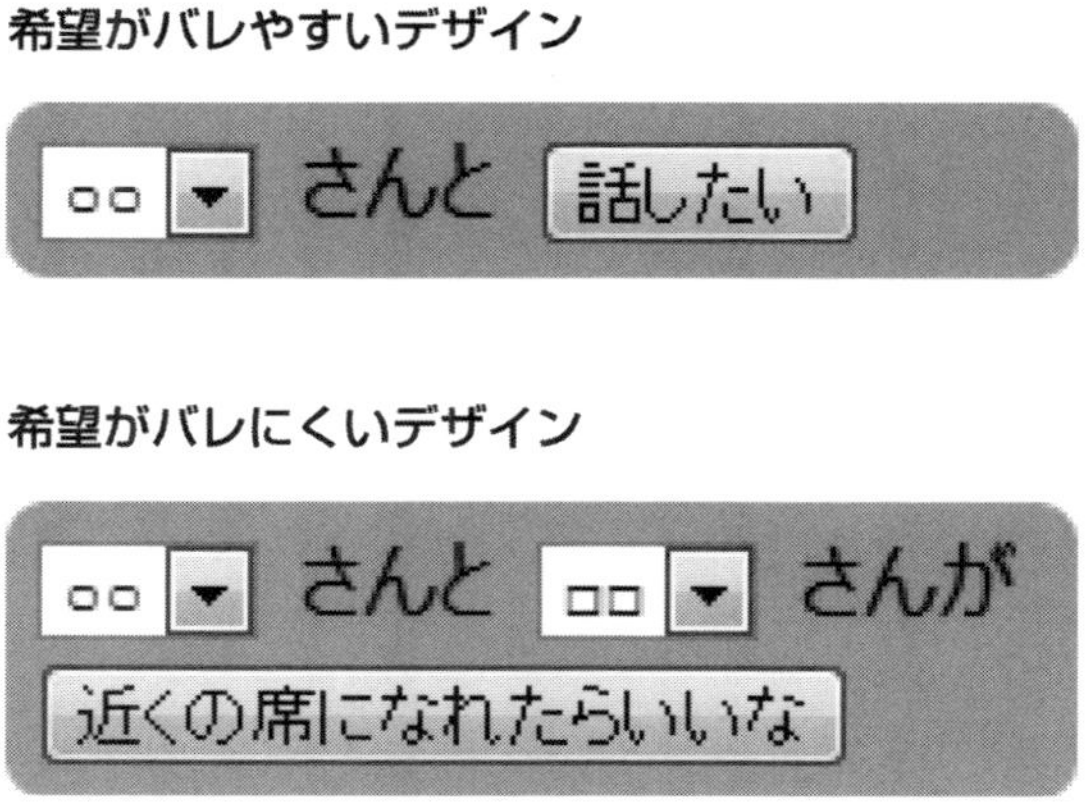

図5 希望登録画面

分の希望を知られないで済むというわけです。実際のシステムにはさらに、話したい話題を登録しておくと同じ話題を希望した人どうしを近くの席にする機能も盛り込みました。これがあると、ますます希望を推測することが難しくなります。

この工夫を盛り込んだからといって、システムは消極的な人向けには見えません。むしろ、他の参加者のためにおすすめの相手を入力してあげる、学会に参加するみんなにぜひ考えてほしい話題を登録するなど、ベテラン参加者ならではの利用ができるようになるので、初参加の人からベテランまで楽しむことができるシステムになっていると言えるでしょう。学食の一人用席にあった、利用していると消極的だということが目立ってしまうという心配も一緒に解消されているというわけです。

希望登録画面も舞台裏で動作しているプログラムも、もともと提案されたデザインと比べてほんのわずかな違いしかありませんが、これだけの工夫で、席決めの結果から希望内容が予想できてしまうという心配に対応することができます。消極的な人たちを特別扱いして目立たせてしまうということもありません。

情報科学分野の人の中には、集まった希望からシステムが座席を決めるプログラム（アルゴリズム）を知りたいと思う人もいるかもしれません。詳しくは「超消極的な人でも安心して使える学会での交流促進システム」という題で発表していますので、そちらを参照

してください。[※1]

2.3 デザインが伝えるメッセージ

「私は消極的です」という利用者の声

私が開発した夕食席決めシステムは実際に学会で運用されました。どのぐらい希望を登録する人がいるのか、利用した人たちからどんな反応がもらえるのかドキドキしながら夕食のときを迎えました。私も消極的なので、こんなチャンスは滅多にないぞといくつか希望を登録しました(もちろん、自分を特別扱いするような仕組みは入れていませんので、他の参加者と公平なチャンスです。希望が叶ったのかどうかはもちろん秘密です)。

無事、システムが決めたとおりの席にみなさんに座っていただくことができ、滞りなく二回の夕食が終了しました。学会の期間中、多くの方からご意見・ご感想をいただきましたが、「これからは毎年やってほしい」という声がとても多かったです。それに、人生でこのときほど「私は消極的です」と告白されたことはありません。私自身、同じ会場で夕食をいただきながらみなさんの様子を観察していたのですが、なにせ百人以上の人がいますから、うまくいっているのかどうかよくわかりません。そんな状態ですので、同じ消極的な仲間からの応援がとても心強かったのを覚えています。

システムが決めた席を見ても希望が推測できないということもたびたび話題になりました。あまりにもわからないせいでとても気になってしまい、近くの席になった人にどんな希望を入力したのか聞きまくってしまったという人もいました。これは私の想定していた以上の反応でした。このことは学会中にも議論になり、システムですべてを解決しようとするのではなく、そのような行為をセクハラやパワハラに類するハラスメントの一種と位置づける手もあるのではないかと私は提案しました（良い名前がないのが悩ましいところです。シャイハラスメント、略してシャイハラ？）。

希望は叶えられた？

新しいシステムを開発して実際に運用したときには、このような利用者の声を集めるだけでなく、利用状況の記録データを集計・分析するなどして客観的な評価を行うのが研究者としては当たり前のことです。今回の場合、たとえば次のような分析が可能です（論文を書くときよりも、表現をかなりデフォルメしています）。

百八十二人の参加者の半数以上である九十三人が希望を登録した。登録された希望の数は全部で二百六十七個だった。平均一人当たり約三個だが、一人で多くの希望を登録する人もいた。システムは百二十六個の希望を満たす席を出力したので、希望が叶う割合は五〇％程度だった。七十四人の参加者は少なくとも一つの希望が叶ったが、一つも希望が叶わない人も少なからずいた。希望が一部の人に集中してしまうことなどが主な原因だった。

しかし、これでは席決めプログラムの性能評価にしかなりません。「消極的な人が安心して希望を登録できるようになったかどうか」が一番知りたいところなのですが、これを客観的に評価するのは容易ではありません。工夫がないバージョンのシステムを運用した場合との利用率の比較を行う、全参加者に性格診断テストを実施して誰が消極的なのかのデータを用意するなど膨大な追加データが必要です。

論文として結果をまとめるのであればそのような検証が必要ですし、今後の運用ではできる限り行っていきたいと考えていますが、消極的な人に安心感を与えられたということについては、私の心の中には一つの証拠があります。

「私は消極仲間です」と伝えたい

本来、消極的なのであれば「私は消極的な人です」などとわざわざ私に感想を伝えに来ることも難しいはずなのですが、そのような人が多く現れたのは企画の実施者である私が盛り上がり至上主義者ではなく、同じ消極仲間だと認めてもらえたからに他ならないでしょう。私の考えは、デザインを通して仲間に伝わったのです。

たとえどれほど配慮を尽くしたとしても心配の種は尽きないので、考えすぎる消極的な人たちにとってコミュニケーションをうながすことは脅威にならざるを得ません。夕食席決めシステムでも、どんな希望を登録したか他の人に聞いて回るような人が出現してしまうことがあったように、すべての人のすべての思考を読み切ることは不可能だからです。その中で私たちにできることは、そのイベントを企画している人、システムをデザインしている人が仲間であると伝えることです。それによって、少なくともジェスチャーゲームのような、意味もなく恥ずかしい思いをさせられることはないだろうと、少し安心してもらうことができるわけです。

消極仲間にだけ通じる暗号

くどいようですが、消極的な人に対して、言葉は期待するほどの力を持ちません。考えすぎるところのある消極的な人たちに対して、言葉で「私もあなたたちと同じ消極的な人間です」と言っても、なかなか信じてもらえないでしょう。

夕食席決めシステムの運用を通じて、消極性に配慮したデザインにはそれを生み出した人が消極仲間だと伝える力があるということに私は気づきました。消極的な人たちは、目の前にあるデザインが、誰もが最初に考え付く普通のデザインと違って少し工夫されていることに気付くことができます。その一工夫は、そもそも消極的な人たちの思考や心配をなぞることによって生まれているからです。その気付きがさらに「このシステムを作った人は私と考え方が似ているなあ」という親近感を生むというわけです。

消極的ではない人には、そのようなメッセージを発するデザインをすることも、デザインの発しているメッセージを理解することも困難です。メッセージは消極的な人にだけひっそりと伝わります。誰でも簡単に真似できてしまう言葉とは違い、デザインには仲間にだけ通じる暗号のような力があるのです。

夕食席決めシステムを開発した私に対して、「私は消極的だ」という反応が多く集まったことは、忍者が仲間を確認するために用いたという合言葉、「山」に対して「川」と返ってきたようなものです。これこそが、デザインの発するメッセージがきちんと伝わり、消極仲間ならではの安心感を与えられていたという何よりの証拠であると私は考えています。

これ以来、人の消極性に注目した研究が増えているように思います。その後、同じような問題意識を持った人たちが結集し、消極性研究会が発足するまでに至りました。デザインが伝えるメッセージには消極的な人たちを結び付け、立ち上がらせる力もあるのかもしれません。将来的には、この本を読まれているデザイナー、イベント企画者、その他さまざまな立場にある方々が作り上げるデザインによって、ますます「シャイハック」の輪が広がっていくものと期待しています。

2.4 「みんな」を作るデザイン
どうやって工夫を思いつく？

ここまで紹介してきた夕食席決めシステムは、ちょっとしたデザインの工夫で消極的な人たちの心配に配慮することができ、デザインそのものが配慮の存在を伝えるメッセージ性を持っているという例でした。

ちょっとした一工夫ですので、システムの開発がとても難しくなるということがなかったのはおわかりいただけるかと思います。しかし、どんなときでもそのようなちょっとした一工夫で消極的な人にとって喜ばしいデザインにできるのか、そのような工夫を思いつくのが難しいのではないかと思う人もいるかもしれません。残念ながら、いつでもうまくいくという保証はありませんが、多くの場面で役立つだろうと私が考えている考え方を、次に紹介する事例「傘連判状を採り入れたチャットシステム」を通して説明していきたいと思います。

傘連判状

江戸時代の頃、「年貢が高すぎる」と農民が結託して訴えるときなどに、誰が首謀者なのかわからないようにみんなの名前が円形に並ぶように署名したものが傘連判状です。訴えを起こせば、相手にしてもらえないどころか最悪処刑されてしまう厳しい状況で生まれた先人の知恵ですね。首謀者がわからないからといって全員を処刑してしまっては年貢が得られなくなる。困るのはお上のほう、というわけです。歴史の授業などで出てくるので覚えている人も多いと思いますが、いかがでしょうか。命がかかっていることを考えると、それだけですっかり安心できたわけではないにしても、集団の結束を強め、力を合わせて強者に立ち向かう勇気を引き出す効果は大きかっただろうと思います。

時代背景は大きく異なりますが、現代のネット社会でも、炎上を恐れて言いたいことが言えないということがあります。インターネットは広く開かれていますから、心ない攻撃的な返信コメントを送ってくる人もいます。それがごく一部であっても、受け取る側からしてみると、かなりの量と感じてしまうことがあります。そのような目に合っている人をよく見かけるせいで、投稿することをためらってしまうという人も少なくないでしょう。江戸時代のようにいきなり命を取られるようなことはありませんが、炎上が心に致命傷を与えないという保証はありません。

FacebookやTwitterといったＳＮＳでは、返信コメントに加え、ボタンを押すだけの「いいね」機能によって投稿者を支援することができます。炎上するような投稿の中には賛否両論ある内容のものもあり、激しい攻撃対象となると同時に、コメントや応援を通じて多くの共感も集めていることが少なくありません。しかし、たとえ数千数万という仲間が集まっても最初の投稿者が攻撃対象となることは避けられず、傘連判状ほどうまく仲間

図6 傘連判状

を守ることができません。

匿名性

今では、後先を考えずに言いたいことを言うときにはインターネットの匿名性が利用されます。日本では匿名文化が根付いていて、利用登録が必要なSNSも個人が特定されにくい名前での利用が一般的となっています。しかし匿名性には、その投稿が取るに足らない内容だと思われやすいという問題があります。先日、はてな匿名ダイアリーに投稿された「保育園落ちた日本死ね」という題の投稿は国会でも取り上げられるほど注目を集めましたが、匿名であるばかりに首相には軽く流され、野党関係者が政権にダメージを与えるために書いたのではないかといった陰謀説まで登場してしまいました。ひどく暴力的な文章であることも非難の対象になりましたが、そうでなければそもそも匿名の文章が注目されることもなかったでしょう。海外の代表的な掲示板サイトである「スラッシュドット」においては匿名の扱いがさらに厳しく、匿名で発言する者は「アノニマスカワード（匿名の臆病者）」と呼ばれ、投稿の評価スコアが低くされるため、投稿フィルタ（スコアの高い投稿だけを表示する機能）によって非表示にされてしまいます。

暴力的な攻撃側は、攻撃対象を定めることによって自然に力を集められるのに比べると、防御側は力を合わせることが難しく、自分を守ることのできる力を持たないのであれば正体を隠して攻撃を受けないようにするしかないという非対称性がそこにはあります。

インターネットで力を合わせられないのはなぜか

インターネットでは誰もが情報や意見を発信することができる、世界中の人がリアルタイムにつながる、世界は変わる……、ひところ耳にタコができるほど聞かれた美辞麗句は夢物語だったのでしょうか。私はそうは思いません。インターネットによって私たちは確かに昔よりもつながってはいますが、現時点ではうまく力を合わせることができていないだけではないか、力を合わせることができる

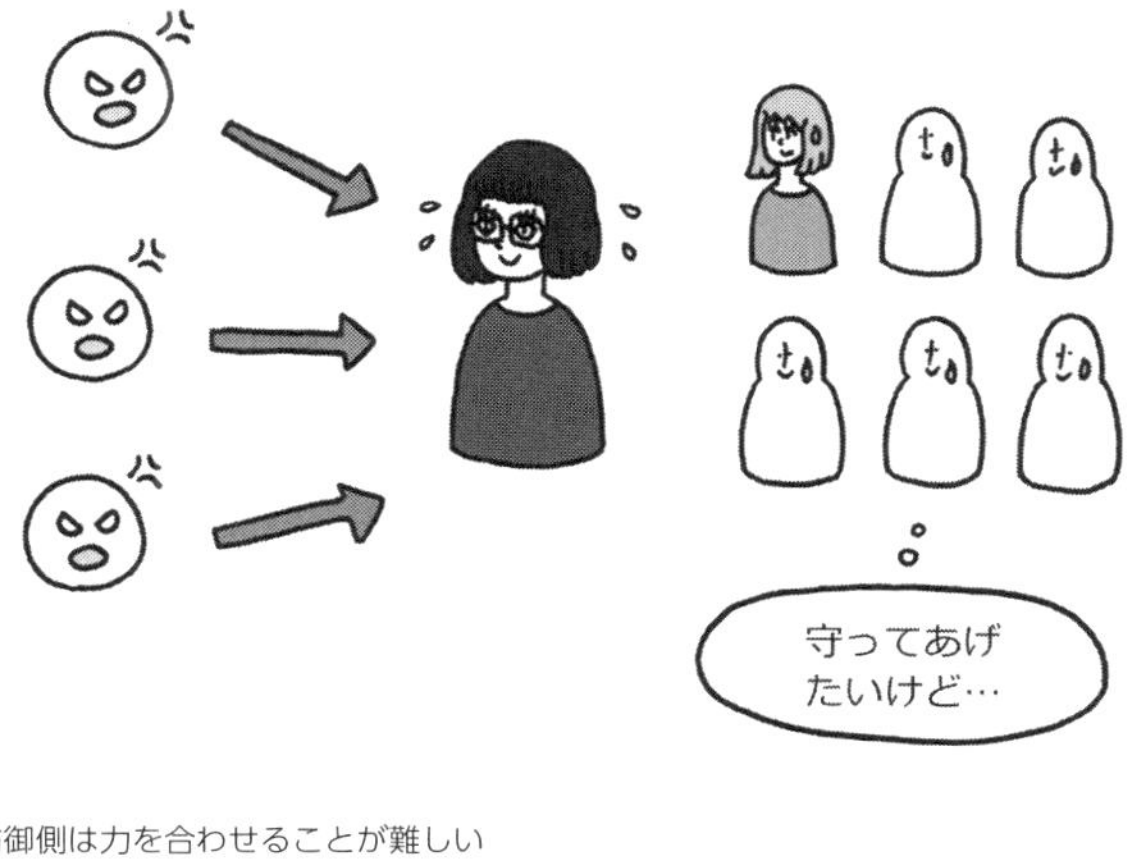

図7 防御側は力を合わせることが難しい

デザインさえあれば世界は変わるのではないか、と私は考えています。

傘連判状の例からもわかるように、昔から弱者は強者に対抗するために力を合わせてきました。フランスのように、今でも労働組合が大きな影響力を持っていてストライキが日常と化している社会もあります。日本では、弱い立場の人に対して「努力不足だ」などと冷たく当たる風潮は根強いものの、最近は街頭デモが増えるなど弱者の力を合わせる風潮も再び広がりを見せ始めています。


インターネット上ではうまく力を合わせるのが難しいのはなぜでしょうか。私は主に二つの原因があると考えています。一つは、大量の情報の中から一人ひとりが自分の見たい情報を見ているので、持っている情報がバラバラであることです。何をしようにも何を言おうにも、前提としている情報が異なるのではお互いにわかり合うことが難しくなってしまいます。そして、それ以上に大きな問題が、どれだけ多くの人数を集めてもインターネット上にはそれ以外の人のほうが圧倒的に多いので、いつまでも「みんなが参加している」状態にならないことです。ここでいう「みんな」とは、全員という意味ではなく、「みんなが参加するなら私も参加しようかな」などと考えている、消極的な大多数の人たちが参加しようと思い始める（人数というよりは）空気としての「みんな」です。

同じ場所に実際に集まることができればこれら二つの問題はかなり解消されます。その場所を大勢の人で埋め尽くすこと、マイクで音頭を取る人に合わせてシンプルでわかりやすい言葉を何度も繰り返すこと、みんなで同じ旗を振ること、そういったみんなで行う儀式やイベントのような行為によって「みんなに同じ情報が共有された、自分たちは結束している」という「みんなの空気」を作り出すことができるからです。傘連判状を作成することにもおそらく同じような力があったのではないかと思います。そのような方法でみんなが結束した後は、むしろそこから抜け出すのに積極性が必要であるため、消極的な人たちもどんどん参加し始めるようなります。インターネット上において弱者が力を合わせることができるデザインを考えるうえでは、この「儀式で『みんな』を作る」考え方がヒントになります。

傘連判状を採り入れたチャットシステム

私は、インターネット上でのコミュニケーションにも傘連判状があれば弱者が力を合わせることができるようになるのではないかと考え、傘連判状を作ることができるチャットシステムを開発しました。このシステムでは、まず匿名で発言してその発言を支持する仲間を募集します。このとき、仲間が何人以上ほしいかの目標も設定します。他の人はその発言を見て、「いいね」するのと同じように1クリックでその発言を支持することができます。支持するのも初めは匿名で、支持している人数だけが公開されます。その後、最初に目標として決めておいた人数以上の支持者が集まると、支持者全員の名前が傘連判状として表示されるようになっています。残念ながら支持が集まらなかった場合には全員匿名のままとなります。名前が公開されるときには必ず仲間が集まっていることが保証される安心感のあるデザインになっているというわけです。

クリックした人数を数えているところは「いいね」機能とよく似ていますが、傘連判状そのものが力を合わせて強者に立ち向かうところを連想させることに加え、支持者を集めるという目標を達成すると傘連判状が表示されるという儀式的イベントがあることによって、もっとうまく「みんな」の空気を作り出すことができます。

仲間が集まらないときには匿名の安心感を残しながら、一人で発言する以上の力を発揮できる温故知新のデザインです（世の中FacebookやTwitterなど最近のものを参考にする人は多いと思いますが、それよりはるか昔にも参考になる方法が見つかるのがおもしろく、もっと他にも何かあるのではないかとワクワクしてきますね）。

傘連判状は回転させないことには読める向きになっている名前が目立ってしまって円形にしている意味が半減してしまいますので、くるくるとアニメーションさせるなど表示部分にはかなりこだわりました（**図8**）。このアニメーションには、傘連判状ができたことを目立たせて参加者が見逃しにくいようにし、儀式的効果を高める狙いもあります。支持者がとても多い場合には画面スペースを節約するため電光掲示板を円形につなげたような、だんだんと順番に名前が出てくる表示になります。

学会チャット

傘連判状を採り入れたチャットシステムも、同じ学会で運用しました。その学会では、大きな会場に集まって研究発表を聞きながら、まさにその研究内容について研究者たちがリアルタイムにチャット上で議論するのが二十年以上続く伝統となっています（情報科学分野の学会ならどこでもこのようなチャットがあるというわけではありませんので誤解なさらぬよう……。ただ全体的な傾向としては、ここ数年Twitterハッシュタグを指定するなどオンラインでのやりとりを推奨する学会が増えています）。

一口に学会といっても、ベテランの大先生から初めて学会に参加する学生まで参加者は幅広く、議論は常連参加者の発言を中心に進みます。ベテランが引っ張る議論はレベルが高いので見ているだけでも十分勉強になりますが、新人を育成することも学会の重要な役割ですの

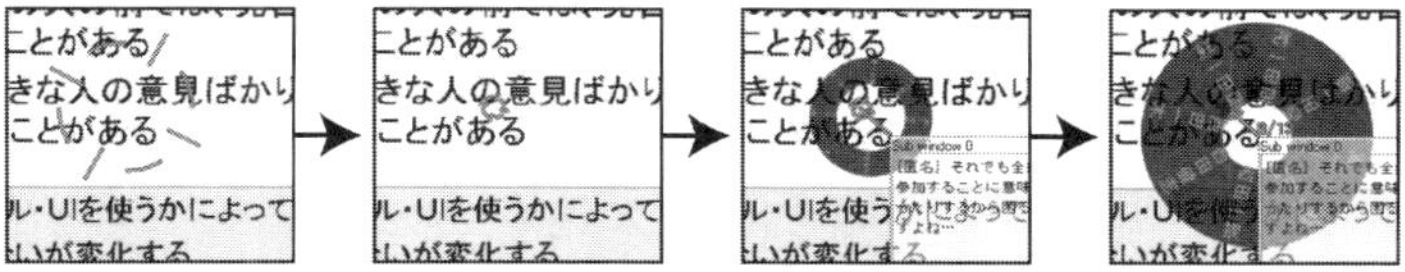

図8 傘連判状が出てくるときのアニメーション

で、チャット上だろうとなかろうと新人には積極的に参加することが期待されています。しかし、「チャットを用意したからどんどん議論しましょう」と呼びかけるだけで誰もが積極的に参加できるわけではありません。また、ベテランにとっても、発表内容や他者の発言に対して批判的な発言をすることは容易ではありません。適切な批判は研究をより良くしていくきっかけとなる重要なもので、心の中にしまい込まれてしまっては学会全体の損失となってしまいます。

傘連判状機能があることで、新人がベテランに立ち向かっていくような場面、ベテランが鋭い批判的な発言をしていく場面などがあるのではないかと私は予想しました。

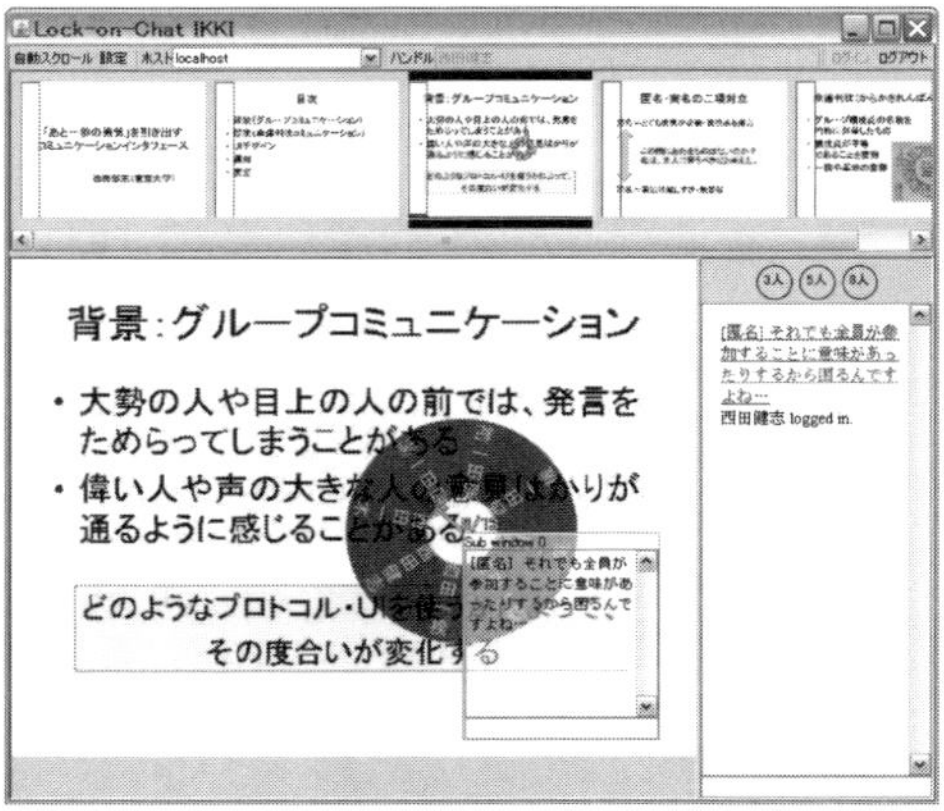

図9 傘連判状を採り入れたチャットシステム

傘連判状が作る「みんな」の空気

実際にシステムを運用したところ、傘連判状機能は大きく分けて三つの動機で利用されました。中でも一番多かったのは批判的な内容の発言をするときで、内容が的を射た重要な指摘であれば支持者が集まりやすい傾向がありました。具体的な事例としては、ある研究発表に対して「その評価方法は適切だろうか」と指摘するような場面がありました。これはなかなかドキッとする発言で「自分の発表のときにこういう指摘が来たら怖いなあ」と思いました。他には、支持者が集まらなければ匿名のままでいられることを利用していたずら的な発言をする場面も少し見られましたが、支持者が集まらなければそれほど注目を集めることができないので実害は少なく、注目されないといたずらし甲斐がないからか、いたずらがどんどん誘発されるようなことはありませんでした（もちろん、学会だから荒されにくかったということはあると思います）。

私が一番象徴的な利用法だと感じたのは、集団としての一体感を演出するために傘連判状が作られた場面です。学会の終盤に「来年も絶対に参加する」という傘連判状が作られたのが良い例で、これは学会を通じて一番支持者の多い傘連判状でした。この発言内容は批判的でも言いづらいものでもないのですが、このようなときにも傘連判状発言機能が使われるようになったのは、この機能が単に発言者を守ってくれるだけではなく、「みんな」

の空気を作り出すことができると利用者が感じ取ったからだと考えています。

2.5 匿名の小さな善意を集めるデザイン

消極的な人ではなく「いい人」

夕食席決めシステム、傘連判状を作ることができるチャットシステムという二つのシステムをここまで紹介してきましたが、これら二つのデザインにはどちらも学会で運用されたという点以外に重要な共通点があります。それは、「他者のためのシンプルな匿名行為が集まった結果」として消極的な人が守られ、それが安心感を高めるので、全体として参加が増えるという仕組みになっていることです。

夕食席決めシステムで引き合わせると良さそうな二人を入力すること、チャットシステムで他者の発言を支持すること、どちらも他者のために匿名で行うものです。他者のために何かをするというのは気持ちがいいものですし、匿名なので外野から偽善者呼ばわりされたりする心配もないので、思う存分いいことをした気分が味わえます。このように他の人のためにできることをシステムに用意しておくと、システムを利用する人がいい人に見えるので、消極的な人たち以外にも多くの人を引き付けることができます。そのシステムを利用していても消極的だとは思われなくなるという効果もあります。

そもそも、一人のヒーロー的存在に守られるのでは守られるほうも目立ってしまいますし、大勢を敵に回してもしっかり一人で守りきれるほどのヒーローはなかなかいませんから、それをあてにした安心などありえません。匿名の小さな善意を集める発想はそういう意味でも極めて自然な考え方だと言えると思います。

もちろん、いくら他の人に貢献することが気持ちいいといっても、あまり難しいことであっては多くの人に利用してもらうことは期待できませんので、できるだけわかりやすく簡単な貢献の仕方を用意する必要があります。

わかりやすさで力を合わせる

用意する貢献の仕方は人間にとってわかりやすく簡単なだけでは不十分で、コンピュータにとってもシンプルであることが本質的に重要です。先に紹介したシステムでいうと、希望や支持は文章として入力してもらうのではなく、クリックで入力してもらうべきだということです。入力方法がシンプルだと利用してもらいやすくなるというだけではなく、利用者の力を合わせやすくすることにもつながるからです。コンピュータにとってもシンプルなデータであるからこそ、希望を集計して席を決める、支持数を数えて目標が達成されているかチェックするといったプログラムがシンプルなものになります。これは単にシステムが開発しやすいというだけにとどまらず、利用者にとっても「システムがどのように動作するか理解しやすくなる」ということでもあります。入力の種類がシンプルなものに限られていて、システムの動作が理解しやすいということは、自分がシステムを利用した結果どうなるか、他の人がどのようにシステムを利用するか、といった予想が立てやすいということにつながります。

極端な例を挙げると、利用者のできる行動が二通りしかなければ、あてずっぽうでも二分の一の確率で二人の人が行動を合わせることができますが、できる行動の種類が増えれば増えるほど行動を合わせることが難しくなります。文章であれば可能性は無数にありますし、実際にはもっとずっと多くの人に力を合わせてほしいわけですから、みんなで行動を合わせられる確率は絶望的に低くなってしまいます。人間が書いた文章をコンピュータで分析する技術もどんどん進化していますが、問題は自由度が高すぎると行動を合わせられないことですので、技術がいくら発達しても行動を合わせやすくなるわけではありません。もともと、大勢の人が動きを合わせるときに使う言葉は「せーの」くらいの簡単なものです。考えを合わせるときにも「○○反対！」と連呼するくらいのもので、複雑な言葉を用いることは稀です。それを究極的に単純化したものがコンピュータへのクリックだ、と考えるとわかりやすいと思います。

傘連判状のようなシンボルを表に見せることもわかりやすさを高めるために有効でしょう。ちょっと良いことをしたいという気持ちは常に社会の中にあり、わかりやすくその道筋が示されることによって実体化される側面があります。たとえば二〇一一年頃、ランドセルを匿名で寄付する「タイガーマスク運動」が流行したのは、タイガーマスクというわかりやすいシンボルがあったことが大きいと思います。

繰り返しになりますが、他の人の様子を見ることができない状況で人が行動を合わせるためにはとにかくわかりやすさが重要で、そのためには利用者のできる行動をある程度制限することが有効です。

ときには自由を減らして力を合わせる

思えば、匿名性は臆病者のためのものであるという発想、自由は無条件にすばらしいという発想そのものが個人を尊重しすぎた社会による負の産物と言えるのではないでしょうか。インターネットが個人の発信力を大きく高めたこともそれに拍車をかけている側面があります。

匿名性は見返りを求めない慎ましい善意とともにあるものでもあり、自由はときに協力を難しくするものでもあるということを我々は意識するべきなのかもしれません。個々人が自己主張を適度に抑え、独断専行を思いとどまってこそ、インターネットを獲得した人類の可能性を真に引き出すことができるはずです。実名と匿名、自由と制約、積極性と消極性のバランスに、そのカギがありそうです。

まとめると、人が安心して参加できるイベントやシステムをデザインするためには、利用者が力を合わせられるようにする必要があり、デザインがシンプルであればあるほど力を合わせやすいというわけです。これが、「『みんな』を作るデザイン」が簡単に見えるちょっとした一工夫で実現される本質的な理由なのです。

超消極的なデザイナー

私が論文の題にも用いた「超消極的」という言葉には「とても消極的」という意味に加えて、消極的だけど交流したいという強い気持ちを持った人、消極的な心を持ちながら積極的にふるまえるようになった人など、よく言われている消極性の概念を超えているという意味、超えてほしいという願いを含ませています。私自身を含め、消極性について本を書いてしまった我々は、その意味で「超消極的」なのだと思っています。

これまでに、消極的な人、特に消極的な自分のためにシステムを設計あるいは開発したという人がどれだけいたでしょうか。「『こんな機能があればいいのに』と思うのは私だけだろうな」と心の中にしまい込んでしまったことがある人くらいはいるかもしれません。本章にも書いた通り、消極的な人の思考をなぞることのできる人にしか消極的な人にとって喜ばしいデザインをすることはできません。この本を読んだからには、あなたの力を必要としている人が世の中には大勢いるということを忘れないでいただきたいと思います。勇気を振り絞ってデザインを提案しても一笑に付されてしまうこともあるかもしれませんが、そのときはぜひこの本を周りの人たちにもおすすめしていただければと思います。

『ドラゴンボール』の超サイヤ人が穏やかな心を持ちながら怒りによって目覚めたのと同じように、人々の性格に配慮したシャイハックデザイナーの力に目覚めるためには消極的な心を持ちながら積極性を発揮する必要があるのだと私は信じています。そういう人のことを私は「超消極的なデザイナー」と呼びたいと思っています。

※1：超消極的な人でも安心して使える学会での交流促進システム
[http://www2.kobe-u.ac.jp/~tnishida/passive/index.html]

SHY HACK Before/After 早見表

◆ハック前

・使うと恥ずかしい初心者用デザイン
・メッセージで伝えるデザイン
・ヒーローの活躍に期待するデザイン

◆ハック後

・初心者から上級者まで楽しめるデザイン
・デザインで伝えるメッセージ
・匿名の小さな善意を集めるデザイン

シャイ子とレイ子・#2

私もなんだかんだで世話好きだから、イベントの幹事役を引き受けちゃうのよね。やっぱり人が集まるからには、大勢のほうが盛り上がるし、イベントの中身も盛り上がりたいじゃない？　この間も同窓会で一発芸大会を企画したんだけど、いるのよね～。わざわざ参加して、わざわざ暗い雰囲気を出して場をシラケさせる「イベント殺し」のコミュ障が！

う～ん……。レイ子ちゃん、西田センセイの話をちゃんと読んだ？　私、その暗い人の気持ち、すごくわかる気がする。もともと参加に乗り気じゃなかったのに……大丈夫って言われたから来たのに……、って今頃呪っていると思うよ。

なにそれ怖っ！　そしてキモい！

そもそも大勢のほうが盛り上がるって言うけど、それって実は、「人が大勢いる状態で一体感を味わえるととても楽しい」の間違いじゃないかなぁ。確かにそれはそうなんだけど、いまどきそういうことは奇跡みたいにめったに起こらないから素敵なんじゃないかな。人が大勢いると、フツウとは違った価値観を持った人もちらほら集まるわけで、その人たちに配慮しないで、一体感の楽しさだけ追求するのはなんかズルい気がする。

そんなこと言ってもさ、仕方ないじゃない？　こっちだって本当は「盛り上がれる人だけ集まれ～」って言いたいところよ。でも、まずはたくさんの人に声をかけないと人は集まらないし、実際大勢になると一人ひとりにかまってられないし！

要するに、一人ひとりの人間を大切にせずに、集団として扱っているってことでしょ？　たぶん消極的な人たちっていうのは、自分を公平に尊重してほしいのよ。もちろん私たち人類が大勢の人間をコントロールするために培ってきた方法、組織論とか帝王学って言うのかな？　それがあまりに

理想に対して非力であることはわかってるんだけど……。

面倒くさい人たちね、消極的な人種って……。

でもレイ子ちゃんだって、本当に望むのは、どんな人でも参加できて、楽しく仲良くわいわいできるイベントや社会でしょ？

それは間違いないわ。座右の銘は「Love and Peace! あなたの笑顔が私の幸せ」よ！

素直に素敵よ。その情熱とエネルギーが空回りしなければ、きっと世の中はもっとよくなるはず。まずは、イベントの呼びかけのとき、どういう企画を考えているのか前もって細か～く説明してくれるだけでもすごく助かると思う。Noサプライズ！

え〜？　そういうものなの？　サプライズ楽しいのに。でもまあ、それで救われる人がいるなら、やってみようかな。

再び別室にて。

ふぉっふぉっふぉ。人間の集団をどう扱うかは、人類が社会的存在になって以来、延々と試行錯誤されてきたテーマじゃ。困ったときは、歴史を紐解くのも有益じゃろう。そうそう、あの有名な『孫氏の兵法』には、硬派な組織論を説く一方でこんな一節があるのをご存知かな？「卒を視ること嬰児の如し（部下である兵士を自分の幼い子のように思うべきである）」、特に命がけで戦う必要がない、現代の豊かな生活のための集団づくりであれば、集団の達成よりも構成員一人ひとりの幸せに心血をそそぐリーダー像というものを検討してみてもよいかもしれませんな。

第3章

共創の輪は「自分勝手」で広がる

複数人でのコラボレーション

濱崎雅弘

3.1 共創と消極性

この第三章「共創の輪は『自分勝手』で広がる」では、複数の人間がコミュニケーションを取りながら力を合わせて何かを作る営み、いわゆる「共創」と消極性について扱います。広く、時代は「オープンイノベーション」だ、「共創」だと言われています。恐ろしいことに、初めて会った人といきなり共同で何かを作り上げる的なことができるとも。はたして、消極的な人間はそんなノリについていけるのでしょうか？

よく「ホウ・レン・ソウ」と言われますが、チームで成果を上げるにはしっかりとした組織構成やメンバー間の密なコミュニケーションが重要だと言われます。複数の人たちの間のネゴシエーションは必須、と世の中では信じられています。そのため、コミュニケーションに消極的な人はそのような組織においては評価が低くなる傾向にあります。やることは他の人以上にやっているのに、コミュニケーションに消極的なばかりに、それを人にアピールできないし、評価もされない。しまいには、あの人は自分のことばかり、他の人のことや全体のことを考えていない、と言われてしまうこともしばしば……。

さてここで、「構成員が自分勝手であるほど全体の成果が上がる」業界があると言ったらビックリするかもしれません。それがある、というのが本章のお話になります。この奇妙な現象について、世界に先駆けて日本で特異的に発達している「ニコニコ動画」における創作文化を分析することで明らかにしました。本稿の底本とも言えるこの論文は、インターネットで読むことができます。(※1)

という前置きのもとに、さっそくはじめましょう。

3.2 オンラインコラボレーションと消極性

「そもそも消極性とはなんだろうか」という話につながる、二冊のおもしろい本があります。一つは『The Highly Sensitive Person』(Elaine N. Aron著、Thorsons刊、一九九九年)。Elaine N. Aronがこの本で、ちょっとしたことにも動揺してしまう、神経質、臆病、引っ込み思案な人を指して「The Highly Sensitive Person(とても敏感な人)」と表したことで、Highly Sensitive Person(以下、HSP)に関する議論が心理学などでされるようになりました。

もう一つ、これは最近の本ですが、『Quiet: The Power of Introverts in a World That Can't Stop Talking』(Susan Cain著、Penguin刊、二〇一三年)という本があります。この本では人間の指向を内向型、外向型と分け、内向型の人間がこれから活躍すると述べられていま

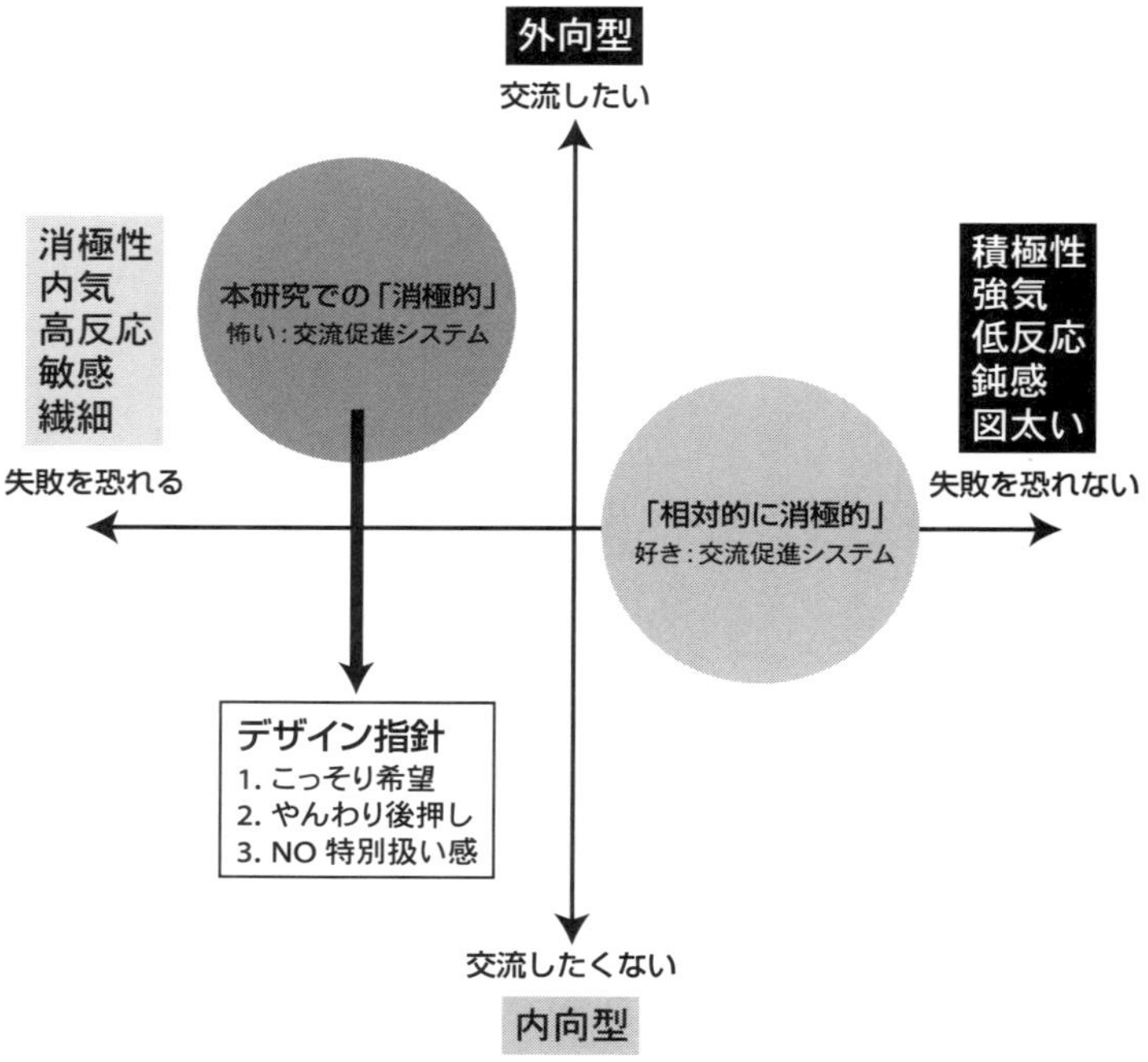

図1 「消極性」マップ（西田健志）

す。二〇一三年に日本語版が『内向型人間の時代―社会を変える静かな人の力―』という邦題で講談社から出ています。

消極的であれば常に人と会いたくないというわけではないのと同じように、内向型／外向型、（ある意味消極的といえる）とても敏感なタイプ、そうではないタイプという微妙に異なる二つの軸が存在するということは、この二つの本でも言及されています。

このように、内向型（いわゆる孤独にがんばるのが好きなタイプ）と外向型（人に会うのが好きなタイプ）、そして、そもそもいろいろなことを感じ取りやすいタイプとそうでないタイプとで考えたとき、感じ取りやすい人は外に行くと刺激が強すぎて、それを避けようと内向きになってしまうため、結果、消極的なゾーンに入る人が多いという議論がされています。つまり「内向型＋ＨＳＰ」という人が集団として多くなるのですが、では、そうではない人たち、たとえば対極である「外向型＋非ＨＳＰ」である人たちとどういう違いがあるのでしょうか。

「外向型＋非HSP」と「内向型＋HSP」

外向型な人というのは、刺激があるほうが覚醒します。逆に、刺激が少ないと鈍ってしまう。結果的に、社交的で、コミュニケーション好きとなります。一方、内向型というのは、人が嫌いという話ではなくて、耐えられる刺激量が少ないということ。刺激が少ないほうが自分を「いい感じ」の状態に保つことができます。逆に、必要以上の刺激があると乱されてしまう。そのため、結果的に孤独と内省を好み、一人で集中したいということになります。外部刺激が苦手で強い刺激から逃れようとする。自分に適切な刺激量を求めると、結果的に人と距離感を置くことが往々にして多くなるということなのです。

内向型か外向型か、HSPか非HSPか、その違いは感じ取る刺激の量です。

・快適に感じる外部刺激の量
―内向型：少ない
―外向型：多い

・同じ事象から感じる刺激の量
―HSP：多い
―非HSP：少ない

快適に感じる外的刺激の量が内向型は少なく、外向型が多いということ。そして、HSPは同じ事象から感じる刺激量が多い、非HSPは少ないということになります。まさしく、ウェーイな人たちからすればノリノリになる場面が、ＨＳＰの人からすると非常に多くの刺激を受けて「つらい」となる。内向型の人からすると、こんなにたくさんの刺激はいらない、むしろやかましいと思ってしまう、ということが起こるわけです。

つまり、内向型＋ＨＳＰの人は小さな刺激でも大きな刺激となって、かつそれが不快に感じられるということです。だから回避しようとして距離を置いたり、避けたりするわけです。それが、外から観察すると消極的な行動ととられてしまいます。わからない人からすると、「これ全然怖くないよ、なんでなの？」と思われてしまう状況になるということなのです。

いま一般的に、内向型が否定的にとらえられがちです。そして外向型が隆盛しています。それはなぜか。先ほどあげた本にその要因としてあげられているものが「都市化」です。見知らぬ人と共同作業（コラボレーション）する機会が増えたこと。見知らない人に対してうまくアピールして、共同関係を結ばなければならないので、外部刺激に強い外向型が有利になったという説です。さらに、内向型が不利になってきたという否定的なラベリングにより、負のスパイラルに陥ったということが書かれています。

ここではコラボレーションと消極性という話をしますが、確かに、刺激があるほうが覚醒する外向型は社交的でコミュニケーション好きという特性から、コラボレーション向きに見えます。逆にいうと、内向型はそうは見えません。しかし、内向的な行動が、実は外とのコラボレーションを拒絶しているのではなく、外からの刺激をほどほどにしようとした結果だとすると話が変わってきます。そして、そうした人が持つ「孤独と内省を好み、一人で集中したい」という特性が活かされたオンラインコラボレーションの事例があるのです。これについてお話したいと思います。

ニコニコ動画と初音ミクが生んだ現象

こうした例は数あると思うのですが、今回紹介したいのは、ニコニコ動画と初音ミクによって作られたコラボレーション事例です。

図2 ニコニコ動画にアップされている初音ミクの動画の例（提供：niconico）
【初音ミク】サイハテ【アニメ風PV・オリジナル曲】 作者：小林オニキス さん
http://www.nicovideo.jp/watch/sm2053548

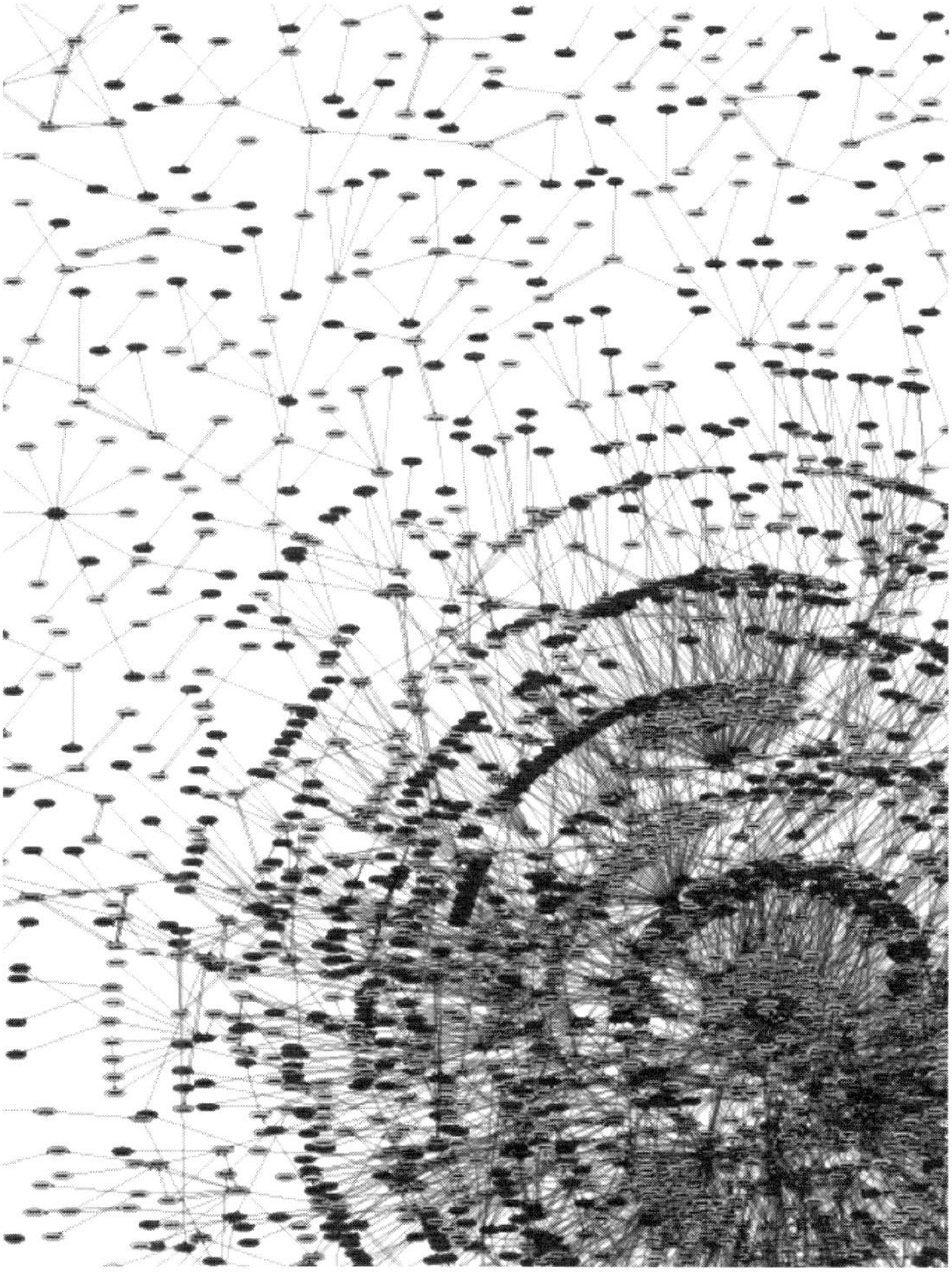

図3 初音ミク作品の引用ネットワーク

図2は、「初音ミク」というボーカロイド（歌声合成ソフト）が投稿者のオリジナル楽曲を歌っている動画です。この楽曲には英語歌詞バージョンもあれば、３ＤＣＧを使った動画もありますが、そうした作品は元の投稿者が作ったわけではありません。楽曲を気に入った人たちがそれぞれ作っています。こうした作品は派生作品と呼ばれ、ネットにある３Ｄモデルを使ったり、曲の部分だけを使ったり、ネットの他の作品を引用しながら、どんどん創作が行われていきます。このようにして非常に巨大なネットワークを構成したというのが、ニコニコ動画および初音ミクを中心に起こったコラボレーションの現象です（**図3**）。

ここで簡単な歴史を振り返ります。

初音ミクは、ボーカル音源ソフトとして

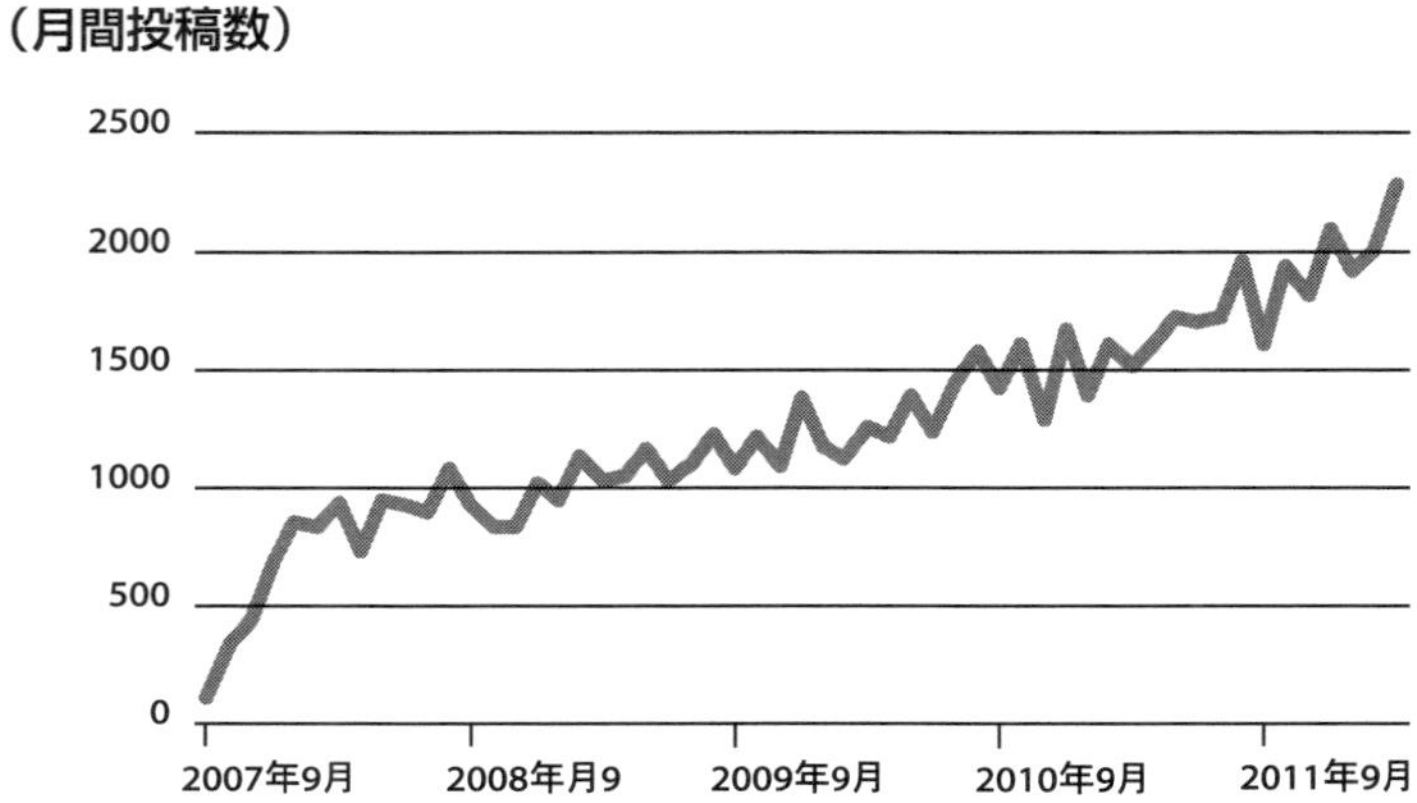

図4 ボーカロイドを使った楽曲の投稿数の推移

二〇〇七年八月に最初の製品が発売されました。発売当時から初音ミクを使った動画がニコニコ動画に投稿され、その翌月にはいくつか代表的な動画が登場し、そこから、それらを元にした「派生作品」と呼ばれるものがどんどん現れていきました。

領域の拡大

領域は徐々に拡大して、初音ミク関連の動画をより楽しむためのモデリングツールや3Dモデルを動かすためのソフトウェア、それを使った初音ミク専門のランキングサイトや事典サイトなども、どんどん生まれていきました。

ニコニコ動画では、初音ミクだけではなくボーカロイドを使った楽曲はその数も多く、毎月二千曲以上の新しい曲が投稿され（図

（月間投稿数）

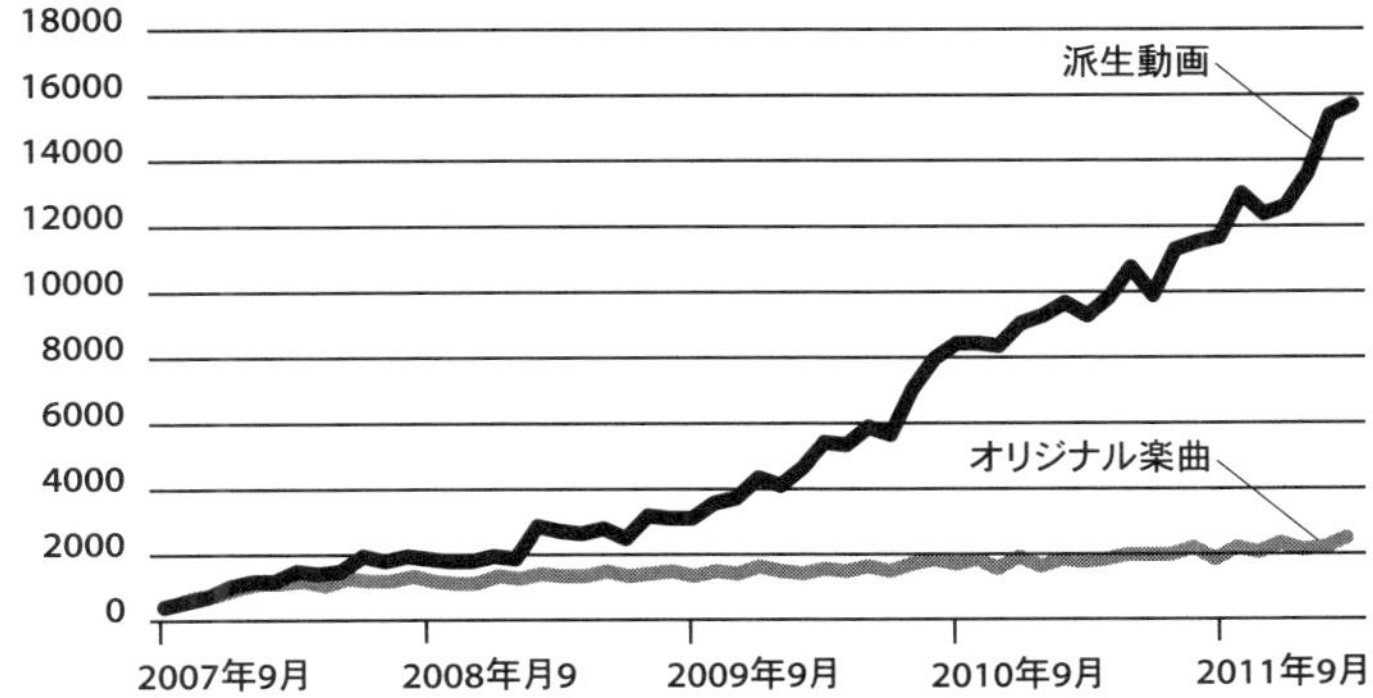

図5 オリジナル楽曲と派生動画の投稿数の推移

4)、そこから派生作品がどんどん作られるという現象が起きました**(図5)**。

派生の形

派生の形もいろいろありまして、初期は「絵をつけました」「映像をつけました」というものが多かったのですが、最近は「歌ってみた」「踊ってみた」「演奏してみた」というものが増えつつあります。オリジナル楽曲とそれを「弾いてみた」「踊ってみた」「PV作ってみた」といった、さまざまな派生作品が生まれています。

なぜ、こうしたことが起きたのでしょうか？いろいろな要因はあると思いますが、一つはニコニコ動画という舞台そのものの性質です。誰でも無料で公開できることから、比較

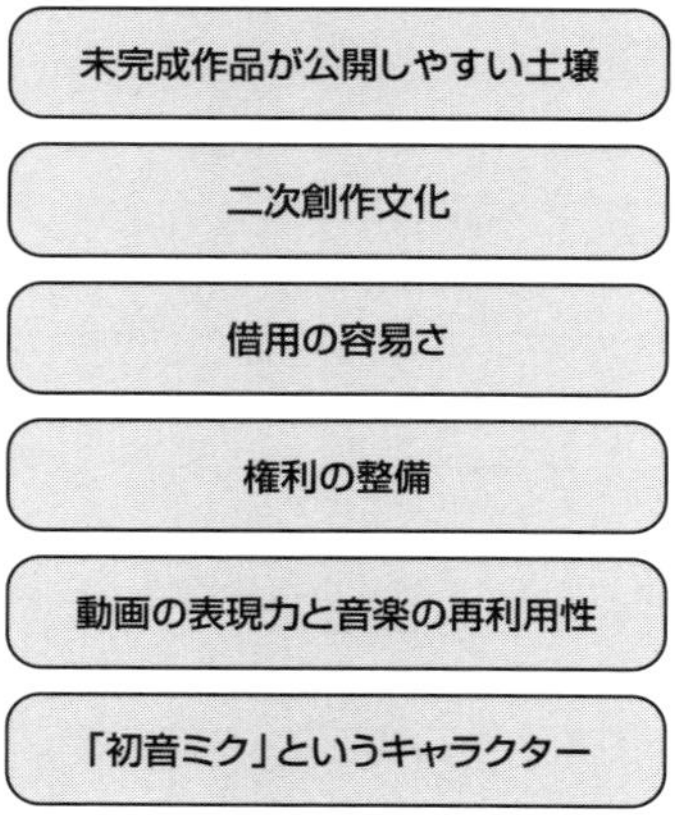

図6 派生作品を生んだ要因

的、未完成作品が公開されていることも多く、いろいろな人が改変しやすいのです。

また、背景にあった二次創作という文化です。動画という表現力、音楽の再利用のしやすさ、デジタルデータの使い回しの良さ、作業のしやすさという要因も大きいでしょう。

さらに、初音ミクの場合、販売を手掛けるクリプトン・フューチャー・メディア（以下、クリプトン）社が権利を整備しています。(※2)このように、さまざまな要因があったと思いますが、ここは今回の話のポイントではないので深掘りはしません。

ニコニコ動画＋初音ミクによるオンラインコラボレーション現象の特徴

では、このオンラインコラボレーション現象にはどういう特徴があったでしょうか？

まず、擬似的な同期、擬似的な分業をしているということ。一般的に、共同作業（コラボレーション）においては、お互いどんな役割を分担するかを調整（コーディネーション）します。まさしく、それが積極的な人が有利だったポイントです。じゃあこういうふうに分担しましょうとコミュニケーションをとる、これはあなたがやってくださいとネゴシエーションするという形です。一方、このコラボレーション現象では、「こちらの作品がよかったのでお借りしました。原曲様はこちらになります」とリスペクトを表明しリファーするだけで、元作者と次の作者がここをこうしましょう、こういうふうに作りましょうというコミュニケーションはとりません。全然コーディネーションしないわけです（ちなみにHCIの分野では、コラボレーション、コオペレーション、コーディネーション、コミュニケーションを4Cと呼びます）。※3 単に、「僕が好きだからこれを借りて、僕なりに好きなように改変しました」ということ。そういうふうに、どんどん拡張していくような改変が行われたのです。

どういうことなのか、もう少し詳しく見ていきましょう。

クリエイティビティを侵食しないN次創作

この現象を指して、濱野智史さんが作った「N次創作」という言葉があります。N次創作という言葉で濱野さんは、作品がどんどん改変されていく、深掘りされて、子作品、孫作品、ひ孫作品と、派生作品が作られていくということを指摘しています。たとえば、ヒップホップ文化もそうです。匿名的にどんどん改変されて作られていくということが行われています。

しかし、実際にニコニコ動画のボーカロイドを使った楽曲で起きたのは、縦に広がるよりも横に広がっていくようなN次創作です。どういうことかといいますと、あるものを改良するというよりも拡張していく感じです。特徴的でおもしろいのは、ここです。

もともと濱野さんが指摘しているN次創作は、たとえばある部分について、ここはこう

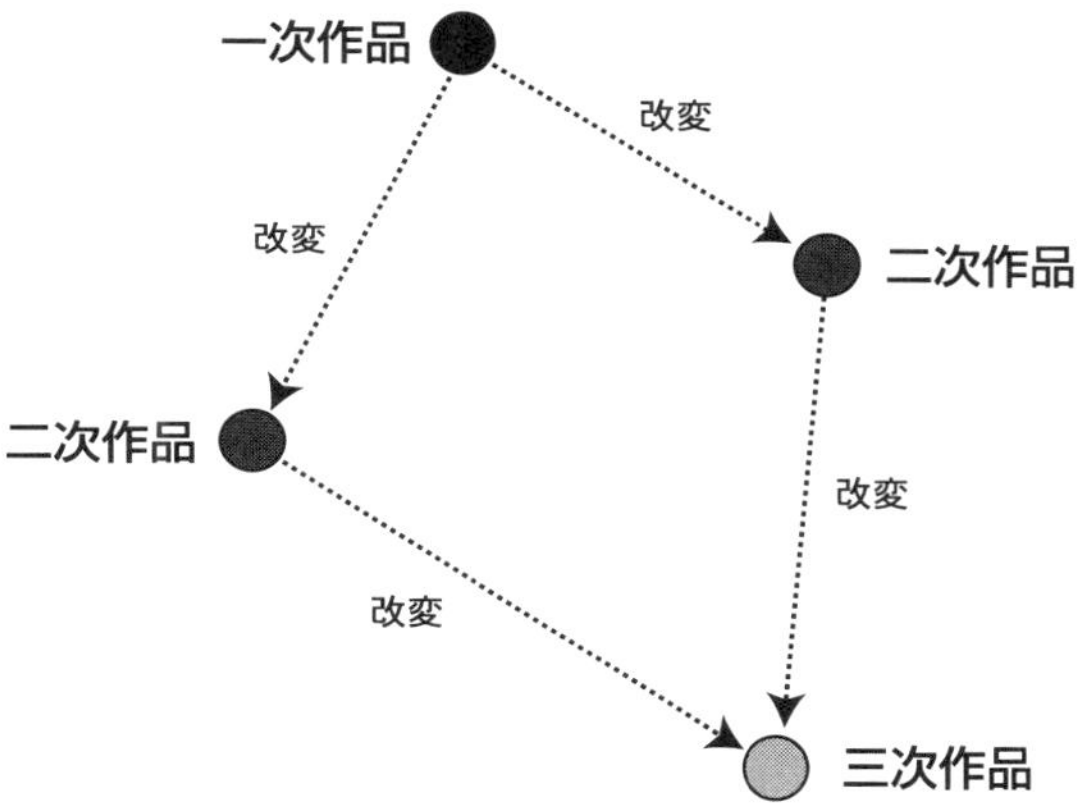

図7 N次創作

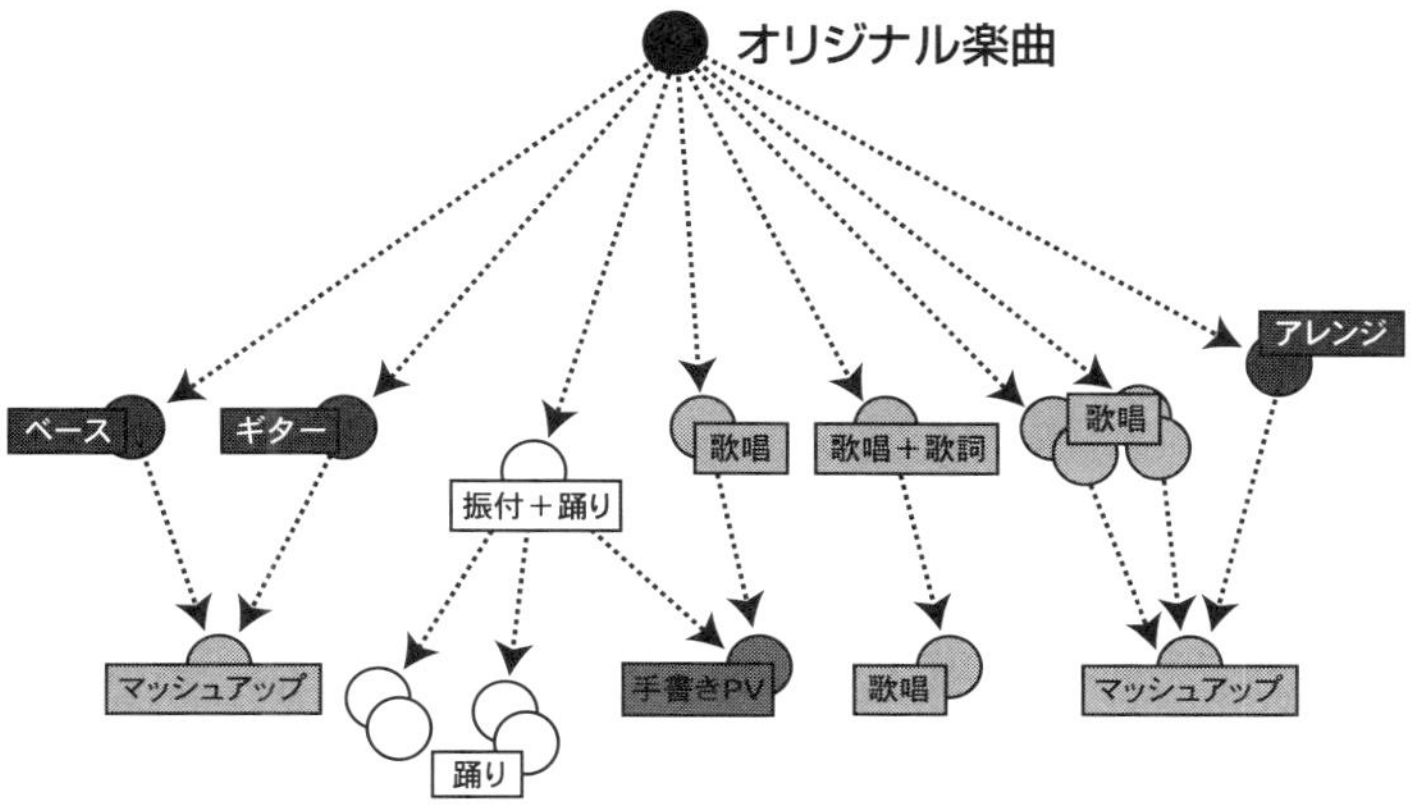

図8 横に広がるN次創作

いうふうに変えたほうがいいんじゃないかといって改変が行われていきます（図7）。ソフトウェアも、バグや間違いが修正されてバージョンアップされていきます。ですが、このニコニコ動画の世界では、誰かが作った部分を改変するのは「おこがましい」わけですね。おこがましいというか、申し訳ない。追加するのは、必ず異なる部分です。

たとえば、ある曲があったら、その曲を改変するというのはなかなか難しくて、歌をつけました、ギターをつけました、ベースをつけましたというように創作を重ねていきます。このギターとベースを合体させた合同作品を作ろうということをやっているわけです。あの人がつけたギターの演奏がよかったから、自分がベース部分をつけてバンドにしてみました、というのは、気後れして誰もやりません。僕はギターもベースもできないけど、マッシュアップをやりますという人が別に現れて、マッシュアップ(※4)だけをやります（図8）。

つまり、クリエイティビティがバッティングする改変を勝手にやるということはないわけです。たまに、歌と歌を合わせて合唱にしましたというような作品を作ることもあるにはありますが、そういうものを作る場合はクリエイター同士が事前にコミュニケーションをとって行います。ニコニコ動画は、勝手に改変作品を作るという文化はあるにもかかわらず、同じタイプのスキルを持つ人同士の合作は、必ずこういうふうにやりましょうときちんとメールでやりとりして作られています。

クリエイティビティに侵食する場合は、非常に気を使うのでネゴシエーションを行う必要がありますが、全く異なるクリエイティビティ、ある曲に対して踊りをつけました、その踊りがすごく好きで絵をつけましたというのは、元の踊り、元の曲のクリエイティビティに対してまったく侵食しないわけです。領域が異なるのです。あの人の○○はすごい、だから私は違うところで追加します、という形です。ぶつかろうとしない、避けたところで展開していくこの創作性は、ある意味、非常に消極的でありながら、とても創造的な活動だと思います。

「○○ってみた」文化

こういった動きを促進するのが、「○○ってみた」という文化です。ニコニコ動画でよく見られる「歌ってみた」「踊ってみた」というタグです。堂々と「踊りました」とすればいいところを、「ちょっと試してみただけですから、申し訳なかったらすぐに撤退します」といわんばかりの言葉です。チャレンジしながらも、いつでも全軍撤退します的な、この引き気味な語感。これがやはり、派生を拡張する原動力になったのだろうと思います。

ボーカロイドの派生動画についた「○○ってみた」タグの異なり数の変化をグラフにすると、**図9**のようになります。

タグが多いだけではなく、いろいろなバリエーションのタグがどんどん増えていっていることがわかります。派生作品がどんどん改良されていくだけであれば、「〇〇ってみた」のバリエーションは増えないかもしれませんが、どんどん横に広がっているということです。つまり、相手の創造性を侵食しない形で新しい創造性を付加していこうとする、そういう活動が行われているのです。まさしく、消極性があるからこそ広がる創造性だと思います。

　ここでいったんまとめますと、初音ミク動画における創造の連鎖とは、ある意味、「極めて無計画な分業によるものづくり」といえます。なぜ、そんな無計画な分業が成立するのかというと、文化や環境としてやりやすくなっていたという要因と、それが好きだからという人が集まっていた（一方向の片思いで共

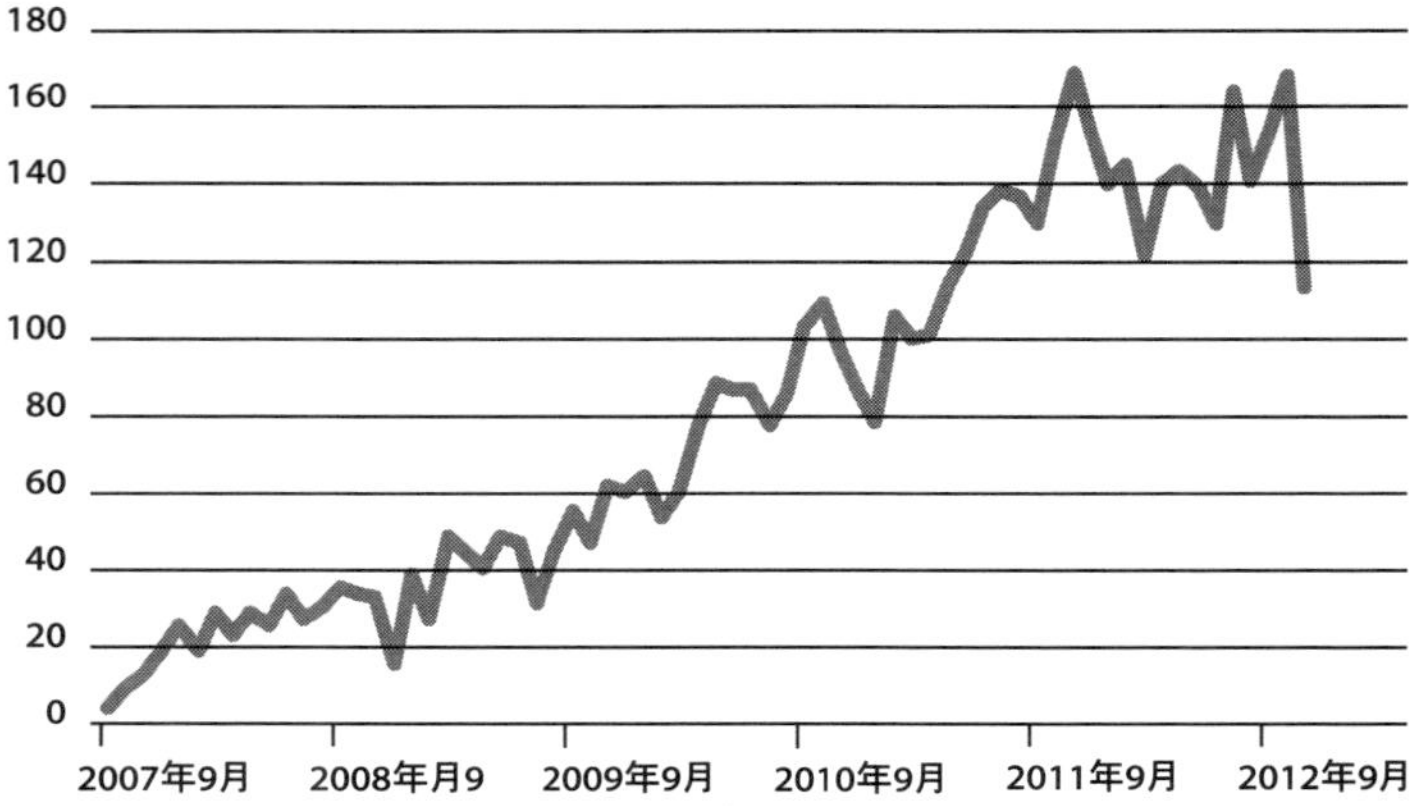

図9 「〇〇ってみた」タグの異なり数の変化

同作品が作られる）ということが非常に強かったのだと思います。

いま、こうした動きが拡大している理由は、それがリスペクトとリファーによる擬似的分業だからでしょう。ネゴシエーションしたうえでの分業の場合、やっぱりうまくいかない、考え方が違うからやめましょうと止まってもおかしくないわけですが、擬似的分業は片思いでもどんどん広がっていくわけで、非常に拡張力があります。そういうものが要因としてあったのだと思います。

3.3 ソーシャルメディアの創造力

こうしたコラボレーションは、ソーシャルメディアが土壌だからこそ、オンラインだからこそ、成立した強さだと思います。ここでは、なぜその強さがあったのかという話をしたいと思います。

ソーシャルメディアとは何か？

ニコニコ動画、あるいはニコニコ動画に類するものも、結局はソーシャルメディアです。

オンライン上でみんなが発信し、主張する世界です。ソーシャルメディアが何かというと、コンピュータとインターネットが作る世界です。

メタメディアとしてのコンピュータ

アラン・ケイは「コンピュータは他のいかなるメディア―物理的には存在し得ないメディアですら、ダイナミックにシミュレートできるメディア」ということを言っています。つまり、テレビは動画メディア専門、カメラは画像メディア専門、電話は音声メディア専門ですが、コンピュータ（計算機）はプログラムによってメディアを作ることができるメディア。何でもメディアにできるということです。

インターネットによる出会い革命

インターネットは、もちろん情報通信システム、情報の伝送システムですが、社会学者であるマニュエル・カステルは「社会的な関係が構築されていく際にインターネットが持つ最も重要な役割は、個人主義にもとづいた新たな社交性の傾向に寄与することである」と言っています。

そもそも、以前は地理的な制約や物理的な制約、いろいろな制約によってコミュニケーションできる機会が制限されていました。まさしく、積極的な人間がぐいぐい食い込まないかぎり、コミュニケーションできるチャンスがすごく少なかったわけです。しかし、ネットによってその制約はなくなりました。実際やるかどうかは人それぞれですが、チャンスは非常に拡大したことは間違いありません。

もう一つ、マニュエル・カステルがあげているインターネットにおけるコミュニケーションの特徴として、「個人主義にもとづいた」というものがあります。つまり、地理的、物理的に近いからとか、たまたま時間があったからではなく、自分がつながりたい人だからつながるわけです。自分がどうしたいか、というのがコミュニケーション確立の要素になります。

つまり、コンピュータ＋インターネットによって、「誰とでも、いつでも、どこでも、

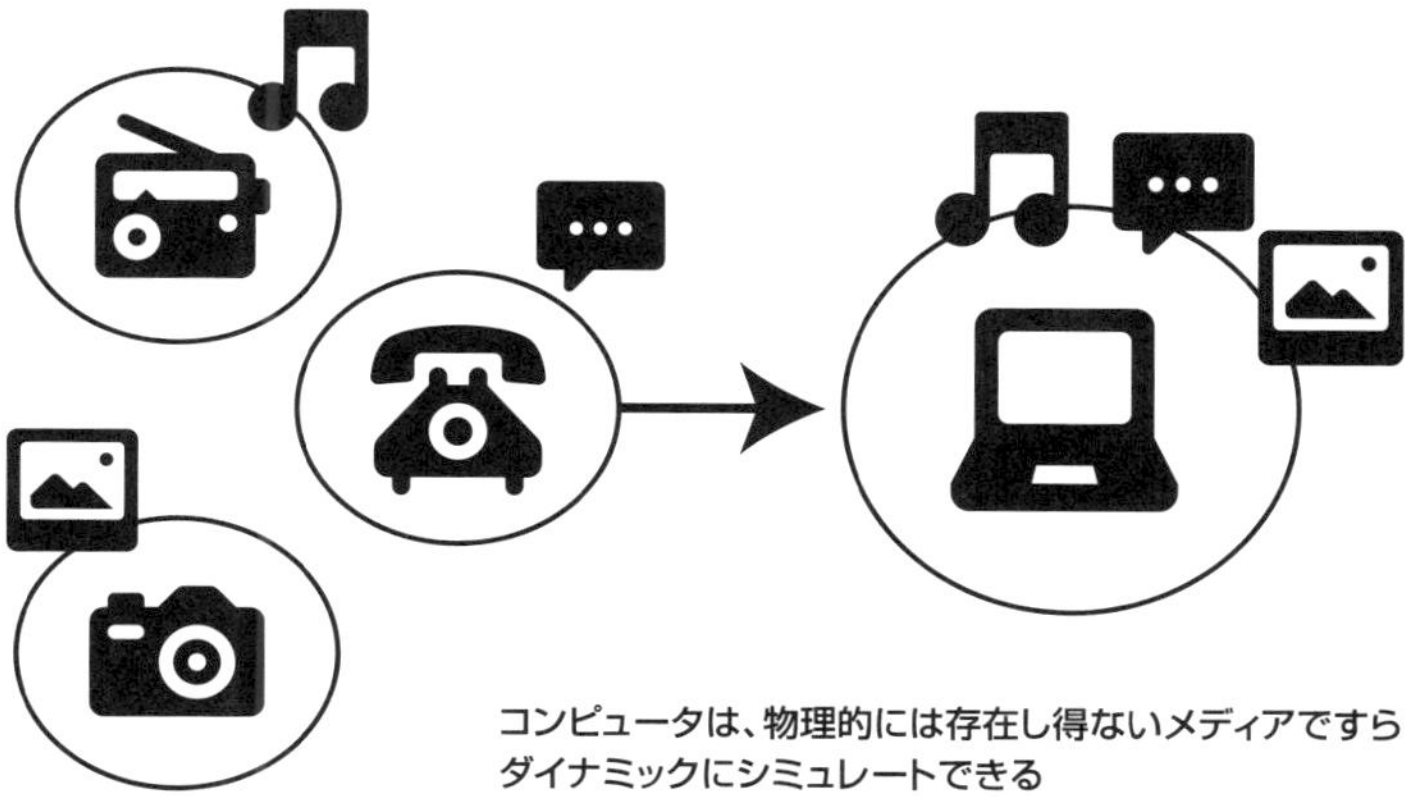
コンピュータは、物理的には存在し得ないメディアですらダイナミックにシミュレートできる

図10 コンピュータ＝メタメディア

何でも」やりとり（コミュニケーション）できるようになった。それは、共同作業（コラボレーション）の可能性が大きく広がることにつながり、今までにないような巨大なコラボレーションも可能だし、多様なコラボレーションも可能だということです。

しかし、コラボレーションができるようになったといっても、共同作業は簡単ではありません。余計なやりとりであったり、余計な気遣い、他人任せ、同調圧力とか、いろいろな課題があります。さらには、グループ効果の幻想（「みんなで」の成果は「一人で」の成果よりも大きいように感じてしまうこと）が指摘されています。

集団知が成功する四つの条件

一方で、ネット上での共同作業の成功事例があります。たとえばWikipediaやＱＡサイト、クラウドソーシングなどです。みんなが集まるということはさまざまな問題も起きやすいが、ある要件を満たせばうまくいくということは指摘されています。

これについて、ある研究者（スコット・ペイジ）がシミュレーションにより、どういう条件だったらみんなが集まったときにコラボレーションがうまくいくだろうと考えて、次の四つの条件を見出しています（**図11**）。

大きな母集団の中からいい人を選んで実行すること。誰も一人ではその問題を解けないという問題であること（一人で解けてしまう問題であればコラボレーションする必要はないわけです）。みんなが合意した答えは必ず正解とすること。そして、全員が各自にとっての一番の回答を出す、というものです。

「多くの中から選んだ多くの人たちが参加」というのは、コンピュータ＋インターネットによって解決可能な要素だと思います。そして、「誰もその問題を一人では解けない」「全員が正解とした答えは必ず正解」、これは問題設定に関しての問題だと思います。適切な問題を設定することで解決が可能です。

しかし、最後の「全員が各自にとっての一番の回答を出す」というのが難しいところで、先ほど述べた共同作業における阻害要因、

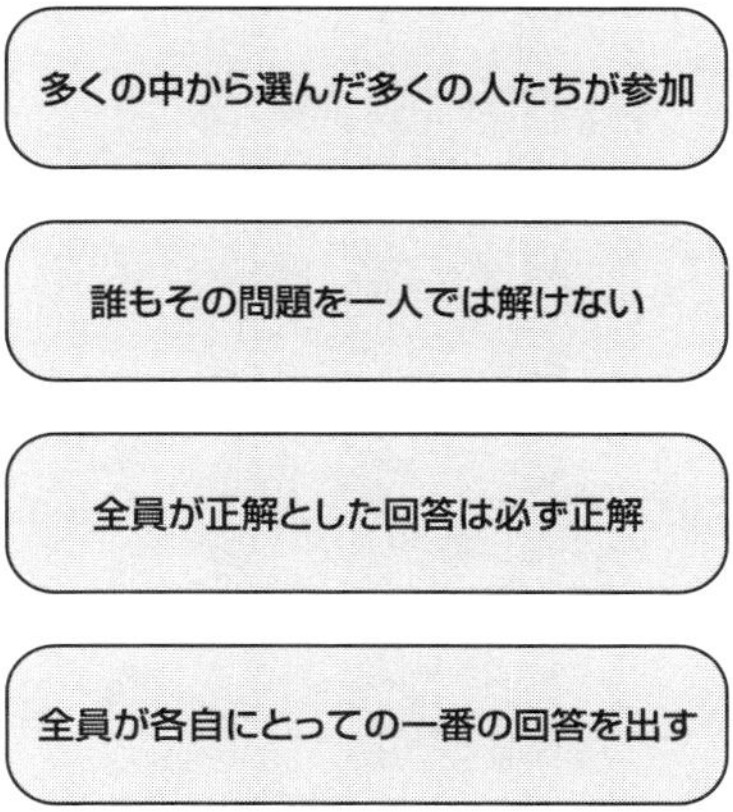
多くの中から選んだ多くの人たちが参加
誰もその問題を一人では解けない
全員が正解とした回答は必ず正解
全員が各自にとっての一番の回答を出す

図11 ネット上での共同作業が成功する四つの条件

余計なやりとりであったり、余計な気遣い、他人任せ、同調圧力などがこの条件を満たすことを困難にしています。

みんなが「それぞれのベストを出す」

みんなが集まるとついつい手抜きをしてしまう、みんなに気を使ってしまったり、変に影響を受けてしまって自分にとってのベストが出せない、ベストを出すことを難しくしてしまう、ということが起こります。

これをどうやって解決できるでしょうか？

目標は「全員が各自にとっての一番の回答を出す」こと。阻害要因としては、やりとり、気遣い、他人任せ、集団浅慮があげられます。簡単かつ本質的な解決策は、みんなが個人的動機に基づいて主観的最善を尽くせばいいわ

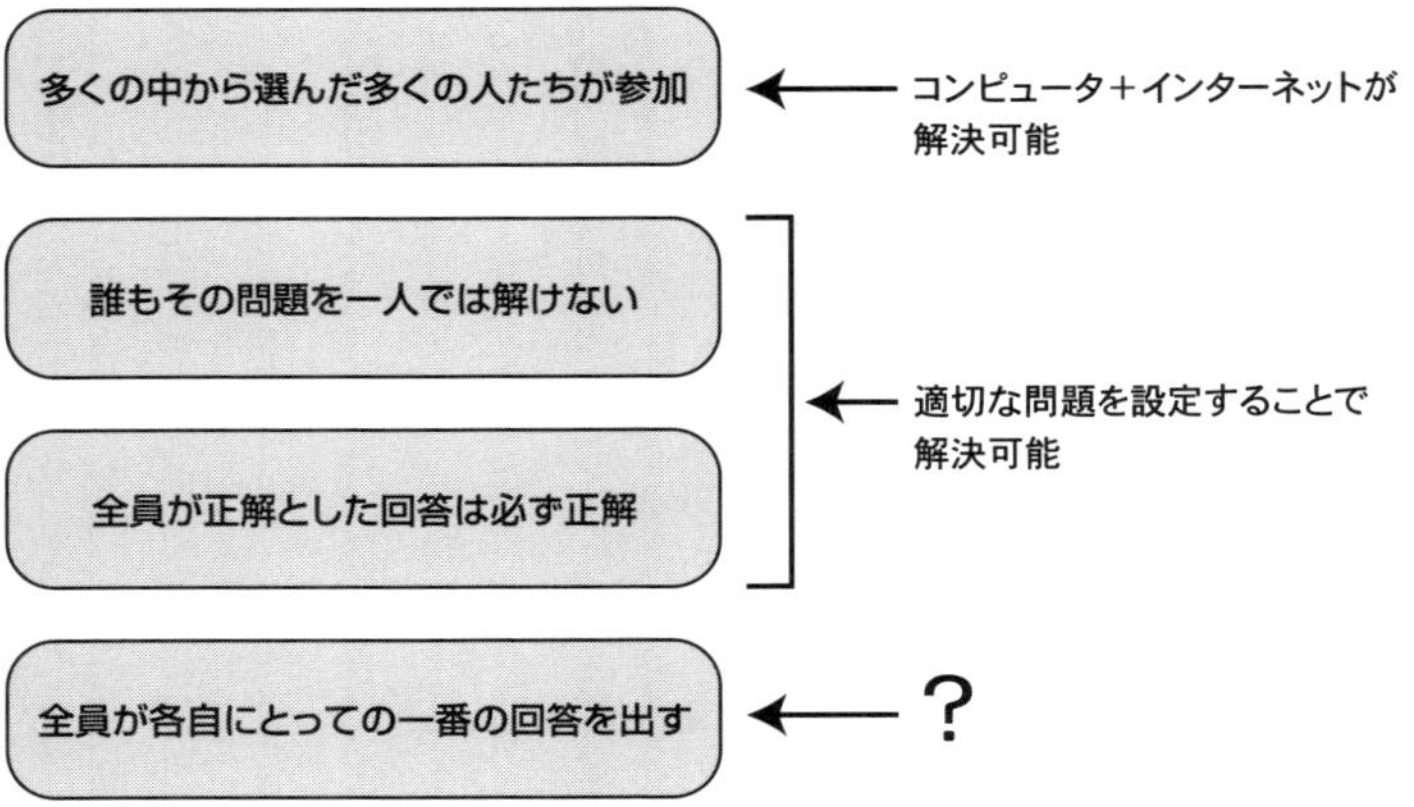

多くの中から選んだ多くの人たちが参加
コンピュータ＋インターネットが解決可能
誰もその問題を一人では解けない
全員が正解とした回答は必ず正解
適切な問題を設定することで解決可能
全員が各自にとっての一番の回答を出す
？

図12 集団知が成功する4つの条件

けです。要するに、「やりたいことをやりたいようにやればいい」ということです。

つまり、ニコニコ動画における初音ミクの派生動画というのは、やりたいことをやった結果がN次創作になった、という話だと思います。これをやってくださいと言われて、はいはいわかりましたというわけではなくて、この曲がいいと思って、自分にこんな能力があるから、やりたいからやるということが、こういう創作になっているわけです。

コンピュータ＋インターネットの時代になって、たくさんの人と出会えて、いろいろな内容を扱うことができ、さまざまな場を作れて、コラボレーションの可能性をどんどん増やすことができました。しかも、それがどんどん共有されるようにもなってきました。それによって、積極的な人だけでなく、みんなが「やりたいことをやりたいようにやる」という空間を作ったというのが、ある意味ソーシャルメディアの創造力の源なのではないかと思います。


ここで、コラボレーションとの相性のところに戻りますが、敏感ゆえに内向的な人は刺激が少ないほうが覚醒する、刺激があると乱されるという性質を持ちます。そのため、孤独と内省を好み、外のことは感じ取れるが一人で集中したいというタイプ。自分のペースで、その代わり自分のベストを出すことに集中したいという性格は、この解決方法に非常に向いているといえます。集合知の抱える一番の問題点、みんなが自分にとってのベストを尽くす困難さという問題点の回避にうまく貢献すると考えられます。

自助努力によって出会わなければならなかった時代、そこを調整して解決しなければならない問題では外向型が非常に有利だったわけです。しかし、コンピュータ＋インターネットという出会い革命によって、その調整コストが必要ないコラボレーションが可能になってきています。そうしたコラボレーションでは内向型が花開く。そうした時代が来ているのではないかと考えています。

環境を設計することで消極性の特性を活かす

まとめますと、ソーシャルメディアによって「やりたいことをやりたいようにやる」の社会化が加速し、消極性の特性がプラスに働くコラボレーションがどんどん生じてきたわけです。ただし当然、その背景には消極性に向いた環境がありました。

たとえば、消極的な人が「歌ってみた」を、はたして自分の顔を出してやるかというとたぶんやらないでしょう。そこでは、消極性に向いたシステム設計が（結果的に）行われていたということです。

ニコニコ動画を例にすると、比較的匿名性が守られていたり、創作のハードルが極端に下がっていたり、未完成作品が山ほど公開されていたり、「〇〇ってみた」という、失敗を許容する文化がありました。さらに、軽いフィードバックによってモチベーションがアップするということもあります。重い言葉でいろいろ論評があったら気がそがれるかもしれませんが、ある意味脊髄反射的な軽いフィードバックであれば、モチベーションアップにつながります。

まさしくこれは、環境設計によって消極性がどんどんパワーを発揮する環境を作ることができるという、社会的な成功例の一つだと思います。

3.4 消極性研究とは何か

最後に、消極性の研究とは何かということをまとめます。物理的行為のＵＩ設計なら、身体的負荷を意識したデザインというものが必要なわけですよね。たとえば、ヤカンという形状を考えたら持ちやすく作りましょうというようにデザインをします。そして、認知的行為のＵＩ設計なら、認知的負荷を意識したデザインをしましょうとなります。決して、力の弱い人は腕を鍛えようとなるのではなく、力の弱い人でも持ち上げることができるものを作るし、目の悪い人には悪くても伝わりやすいようなデザインをしようとします。

ですから、情報システムがコミュニケーションやコラボレーション支援システムのように、人間にとっての社会的行為に踏み込んでいくものであれば、当然、社会的負荷を意識したデザインをするべきだろうと考えます。そこで、人間の側に「もっと積極的になろう」というのは、たとえば、老人にもっと腕力をつけろとか、子供にもっと身長を伸ばせと言っているようなものなわけです。社会的負荷とそれを感じる人間に配慮したシステムデザイン、すなわちユニバーサルデザインが必要だろうと思います。

また、このユニバーサルデザインは消極的な人に役立つというだけではないと思います。そこには二つの見方があります。消極的な人は「炭鉱のカナリア」なのです。つまり、消極的な人は社会的負荷に対して非常に敏感で、見つけにくい社会的負荷、解決すべき問題にいち早く気づくわけです。そこから生まれるデザインというのは、より社会的負荷の小さな設計となり、それは消極的かどうかにかかわらず、非常に有用なデザインとなり得るのです。

もう一つは、先ほどのオンラインコラボレーションの話につながりますが、消極的な人はまさしく知的資源の金鉱だと考えられます。現代が、まさに都市化によって、互いに未知な人同士の共同作業において有利な人たちが中心になっているのであれば、逆にいうと消極的な人への配慮はまだ発揮されていないということです。社会的負荷に軸を置いたユニバーサルデザインが進むことにより、人的リソースの高効率な活用につながることが期待できます。それは、消極的かどうかにかかわらず、社会全体の人的リソースの最大化につながり、有用といえます。

※1：集合知を創発する場のデザイン：理論的再検討とオンライン・コミュニティの事例分析から〈〈特集〉新たな社会づくりのためのデザイン〉[http://ci.nii.ac.jp/naid/110008662268]

※2：発売元のクリプトン・フューチャー・メディア社は二〇〇九年七月に「ピアプロ・キャラクター・ライセンス（PCL）」を公開し、非営利かつ無償の利用について、「すべてのクリエイターは当社に直接連絡し確認をとることなしに、PCLで許諾された範囲で、当社キャラクターを二次創作してご利用いただくことが可能になる」とした。

※3：「Collaboration（コラボレーション）」＝共同で一つの目標物を作り上げること・共創、「Cooperation（コオペレーション）」＝複数人が各々の目的を達成するため協力すること（Collaborationと同様、共通の目標を達成することと定義する人もいます）、「Coordination（コーディネーション）」＝共創や協力の一手段として、複数人で行動を調整すること、「Communication（コミュニケーション）」＝情報をやりとりすること・会話。

※4：マッシュアップ（Mashup）は、もともと二つ以上の曲をミックスし、新たな一つの曲とする音楽の手法のこと。二〇〇〇年代に入り、ウェブ上に公開されている情報を加工、編集することで新たなサービスとすることをマッシュアップと称するようになった。

SHY HACK Before/After 早見表

◆ハック前

・「○○しました」文化

・根回し文化

◆ハック後

・「○○ってみた」文化

・相手の創造性を侵食しないコラボ文化

シャイ子とレイ子・#3

「やりたいことをやりたいようにやる」メモメモ……

レイ子ちゃん、珍しく何を真剣にメモしているの？

私さー、バンドサークルやってるんだけど、せっかく組んだバンドのメンバーと音楽性が合わなくてすぐ解散しちゃったのよね。今、次のバンドメンバーの募集中なの。何かバンド結成の参考にならないかなと思って。

「音楽性が合わなくて解散」ってよく音楽界で聞くけど、一体なんなのかしら。

私がリードボーカルやりたいのに、コーラス要員として集めたはずの女子メンバー風情が私も私もって、しゃしゃり出てうるさかったのよね。しかもイケメン要員のギター君といつのまにかデキちゃってるし！

もう怒りの解散宣言よ！

音楽性の違いって、つまりあらゆるワガママを芸術的に表現できるすごいコトバなのね……。

ま、私なりに反省して、次はうまくやろうって思ってるんだ。だから濱崎センセイの話、いいなと思って。

うん、メンバーが好き勝手に活動することが全体の利益につながるって、不思議な感じね。消極的な人がそういうことに向いているってうのも、勇気づけられるわ。

やっぱり時代はネットだなと思って。次のバンドはネット中心で募集・活

動することも考えてるの。とりあえず私の好きな曲、『The Universe is Mine』を歌ってみた動画をアップロードしたのよね。そうしたら、なんか『ShiningStar☆彡』っていう名前の人が、さっそくステキな絵のアニメーションを作ってくれたんだぁ。見てみてこれ！

ふ〜ん、ステキじゃない。

随分そっけない返事ね。

そ、そんなことないよー（レイ子ちゃん、実は『ShiningStar☆彡』は私なのよ。私、音楽センスはゼロだけど、絵を描くことは結構好きなの。恥ずかしくて名乗り出られないけど、陰ながら応援してるわ）。

またまた別室にて。

ふぉっふぉっふぉ。インターネットが人類のコミュニケーションを劇的に拡大したということに疑いを持つ人はいないじゃろう。もともと積極的な人にはごく自然に人付き合いを広げる道具として活用されているようじゃが、これまで不遇な時代を過ごしてきた消極的な人にも、無理なく他人と、そして社会と関われる可能性が広がっているのじゃ。しかも目的は友人作りや音楽活動だけではありませんぞ。国会中継や政治活動にニコニコ生放送などの視聴者参加型（視聴者が匿名でメッセージを入力し、その場で放送者や視聴者全員と共有できる）インターネット映像中継が活用されるようになって、匿名性や集合知が有効に機能する、単純な直接民主主義ではない新しい民主主義が実現するのでは、という見解もあるのじゃ。興味のある方は、『一般意志2.0』（東浩紀著、講談社文庫、二〇一五年）をご覧になるとよろしかろう。

第4章

スキル向上に消極的なユーザーのためのゲームシステム

簗瀬洋平

4.1

私の中の消極性

人には誰しも、知られたくない情報があるものです。

プライバシーを守る権利は誰にでもありますが、中には知られたくない情報に関して「え、そんな情報知られたくないの?」という反応を示されることもあります。

これは危険です。自分が重視しないプライバシー情報というのは侵害してもよい、と考えてしまう人はいるものです。わざわざそう考えていなくても、悪意なく侵害してしまう、ということもあるでしょう。

誕生日のストレス

私にはそういう「自分にとっては知られたくないけれども、他人はそれを重視しない」というものがいくつかあります。代表的なものを挙げると、血液型と誕生日です。

私は子供の頃からカテゴライズされるのが大嫌いです。小学生というのは思い込みによって勝手なことを言うもので、男子/女子、親の職業、出身地、血液型、星座などによってさまざまな偏見に満ちた発言が飛んでくるわけです。とりわけ血液型性格占いによる評価には、非常に強いストレスを感じていました。

次に誕生日です。星座占いの話もありますが、私の中でもっと大きかったのは誕生日会問題です。これは大きく二つに分けられます。一つは「誕生日を祝われる／祝われない問題」、もう一つは「誕生日プレゼント問題」です。


前者は多くの人が体験したと思いますが、誕生日会というのは開催時期や両親の労働形態、家の広さなど、さまざまな問題によって開催の有無、開催規模に大きな差があります。たとえば私の家は割と広く、両親ともに常に家にいる家庭だったので、非常に誕生日会が開催されやすく、かつ大勢呼べる環境にありました。しかしこれは同時に、呼んだ数に対して呼ばれる数は少ないということにもなります。

幼稚園や小学校低学年ではクラスで誕生日会が行われることがありましたが、これは正式に行事というわけではないためか、時に開催されない月がありました。

上記どちらも、取り立てて誕生日会に呼んで欲しかったり、クラスで祝って欲しかったりするわけではないのですが、呼んだけれども呼ばれない、祝われた人がいるけれども自分は祝われないなどの不平等感を感じていました。

また、誕生日会といえばプレゼントですが、私にとってはこれがなかなか鬼門で、自分が意図したものと違ったり、取り立てて欲しいわけではないものをもらうことに強いストレスがありました。もちろんもらうこと自体は嬉しいのです。しかし、意図と違うことによって相反する感情を同時に抱えてしまい、子供心にそれを処理しきれなかったのです。もらう喜びよりも、一〇〇％喜べないモヤモヤのほうが大きいわけです。そもそも、私は子供の頃からカプセルトイやおまけつきのお菓子を買ったことがありません。ランダムで何かが入っている、というのが非常に苦手なのです。何が出て来るかわからない誕生日プレゼントもその一種と言えるでしょう。

もちろん、一〇〇％望むように誕生日会に呼ばれたり、必ず欲しかった誕生日プレゼントをもらったりすることはできません。そういう願望と現実のギャップに折り合いをつけて人間は成長していくわけです。というわけで、私は簡単な解決方を見つけました。つまり、「誕生日は祝われなくてよい」という方針にシフトしたのです。これによって親しい人が誕生日を祝ってくれた、嬉しい！　ということはなくなりますが、同時に、嬉しいのに嬉しくない、祝ってもらったのに微妙、という複雑な感情を抱かずに済みます。私にとっては特別な日を持つよりも、ストレス排除のほうが重要だったと気づいたのです。

妥当な結果が欲しい

なぜ自分がそういった問題を気にするのか考えてみました。誕生日会に関しては、自分が誰かを呼んだら、その誰かに自分を呼んで欲しい。プレゼントに関しては、自分が欲しいと思っているものが欲しい、自分が欲しいと思っていないものは持ちたくない。ごくシンプルな話、自分の行動、願望に対して妥当な結果が返って来て欲しい、そしてそれ以外のものはないほうがよい、ということです。最初に挙げた血液型の話も、自分の行動の範囲外で評価をされるのが大きなストレスになるわけです。

たとえば私は小学校の頃、勉強が非常に好きでしたが、正確にいうならテストが好きでした。小学校くらいのテストだと、勉強すれば確実に点が取れるわけです。逆に、運動は苦手でした。大人になった今では、身体を鍛えれば確実に結果が返ってくるとわかっていますが、幼稚園や小学校の運動、体育の時間というのはあまり適切な指導を受けることができません。がんばってもできるようになるという実感がないので、理不尽に感じてしまいます。

私にとっては何をするにも、行動とそれに対するリターンの明確な関係が必要だったのです。しかし、人間社会はそんなにシンプルにできていません。むしろ、因果関係が明確ではないもののほうが多いでしょう。とりわけ、人と人との関係というのは、観察できる事象が多くても、絡み合う要素はそれ以上に多く、非常に難しいものです。

ストレスとモチベーション

このように、世間一般になんでもないと思われることに対してストレスを強く感じる私は、端から見ると苦痛に満ちた毎日を送っているのではないかと想像されるかもしれませんが、実際は「ストレスを排除すること」でわりと快適で平穏な毎日を送っています。「ストレスを排除する、という行為自体がストレスになるのではないか」という疑問が生じるかもしれませんが、ストレスのある状態からストレスがなくなる状態への移行もしくは、そのための行動そのものにあまり苦痛は感じず、むしろ積極的に行動するためのモチベーションとなっています。

「苦労しないためならどんな苦労でもする」というのは一見矛盾しているようですが、解決方法を想像でき、駆使できるエネルギーでそれを実現できる場合、ストレスの排除はポジティブな感情につながるのです。

そして、世の中にはあえて必要のない問題を提示し、それを解決することで快感を得るコンテンツが存在しています。

そのコンテンツとは、ゲームです。

おもしろいコンピュータゲームは自分の行動に対して短い時間で評価が返り、自分の行動が積み重なって結果が残り、常に先の目標が示されており、続けようという気にさせてくれます。つまり、モチベーションがコントロールされているのです。もし世の中がおもしろいゲームのようにできていたら、さぞかし楽しいだろうと思いませんか？　というわけで、この章では主にゲームについての話をしていきます。

4.2 ゲームとは何か

ゲームの構造

みなさんはゲームをプレイされますか？

あまりしないという方でも一度は遊んだことがあるかと思います。お子さんをお持ちの方は、お子さんがゲームにはまってしまって……という悩みがあるかもしれません。そう、ゲームは人を夢中にさせる要素をとても強く持っています。

ゲームとは何か、ということを書いていくと非常に長くなってしまいますので、簡潔に私の考える定義を書くと、「楽しんで問題を解決する過程」がゲームです。人間社会には複雑な問題が満ちあふれていますが、コンピュータゲームの場合は、問題を非常にシンプルにモデル化します。

モデル化された問題

たとえば有名なパズルゲーム、『テトリス』には「いびつな形状のブロックが次々と降ってきて積み上がってしまう」という問題があり、ブロックをできるだけ隙間なく並べることによって積み上がるのを遅らせることができます。

これは容易に想像が可能で、そのために回転と移動の操作を駆使します。これだけでは根本的な解決にはなりませんが、できるだけ隙間なく並べていけばいずれ横一列のブロックがうまり、すると、その一列丸ごとのブロックが消え、その上に積み上がっていたブロックが落下します。現実の物理空間では起こり得ない現象ですが、たとえそのことを知らなくても、想定できる解決策を積み重ねていけばやがて発見できます。

消すブロックの数が落下してくるブロックの数を上回れば長くプレイを続けることができるだろうとプレイヤーは想像し、できるだけ横一列をきれいに並べようと工夫するようになります。

ブロックの落下速度はプレイを続けると少しずつ速くなっていくため、プレイヤーは徐々に操作とブロック配置の効率に関して習熟を求められるようになります。どれだけ習熟したか、という指標を示すために得点があり、基本的には「たくさんブロックを消す＝

長くプレイすること」が得点につながりますが、一度に多くのブロックを消すとより高い得点が入るため、ある程度習熟したプレイヤーはより多くの得点を得るため、縦に四ブロックだけの隙間を作り、棒状のブロックが降って来るのを待つようになります。これは一列ずつ消すプレイよりもブロックが高く積み上がった状態になりやすいため、高得点が狙えます。ゲームが終了してしまうリスクは高まりますが、習熟したプレイヤーは、こうしたリスクのある駆け引きに楽しみを見出します。

テトリスのプレイヤーは、最終的には高速で降ってくるブロックをすばやい操作で効率的に積み上げ、時には四段を消して高得点を狙い、できるだけ長くプレイを続けようとします。最初に示された問題解決を越え、自分で目標を設定して遊ぶようになるわけですね。世界中のプレイヤーと得点を競うこともあるかもしれません。

しかし、それはごく一部のゲームがとてもうまい人の話です。最初にそこがゴール、と動画などを見せられたときに「こんなプレイができるようになりたい、がんばろう！」と思う人と、「いや、こんなプレイは絶対に無理。このゲームは私には向いていない」という人がいます。私はどちらかと言えば後者です。もちろんテトリスをプレイすればそれなりに楽しむことはできます。しかし、高得点を取ろうというモチベーションはなかなか持てないのです。私のようなプレイヤーには、ＲＰＧ（ロールプレイングゲーム）のほうが適しているかもしれません。

物語での問題提示

たとえば、『ドラゴンクエスト』のようなＲＰＧではまず舞台となる世界の背景が設定され、そこで大きな問題、たとえば「魔王が人間を滅ぼそうとしている」と知らされます。その解決に向かうため、小さな目標（洞窟を抜けて隣町に行くなど）が示され、それをクリアするために道中で現れる敵と戦います。

最初は十分に強くないため、敵との戦いを繰り返すと消耗し、街に戻ることになりますが、敵との戦いで得た経験値でレベルを上げて強くなり、得たお金で強い装備を買うことによってこの問題を解決できるようになります。また、最初に示される大きな問題は漠然としていますが、やがてプレイヤーは目の前の小さな問題、すなわち敵との戦いに習熟していきます。たとえばドラゴンクエストの場合、複数いる敵のどれに対してどのような攻撃を仕掛けるかを考え、最小手数で勝つことによりリソースを節約して洞窟の奥にいるボスモンスターのところまでたどり着き、倒せるようになります。

もしプレイヤーとしての習熟が遅くても、何度かトライしていれば必ずレベルが上がり、何も考えなくても道中の敵をなぎ倒し、ボスモンスターを簡単に倒せるようになります。慎重なプレイヤーは何度も敵と戦い、それらに容易に勝利できるようになったらボスも簡単に倒せると判断して初めて挑む、というようなプレイをします。

ＲＰＧは、プレイヤーの成長、キャラクターの成長という両方の軸によって、シンプルなパズルやアクションゲームとはまた違う層のプレイヤーに対応していると言えます。

モチベーションのデザイン

ゲームにはまる、という状態はいくつか考えられます。たとえば、先のテトリスの例のように与えられた問題解決の枠を越えて自分で目標を設定し、それを達成しようとチャレンジをし、達成したら新しい目標を設定するというサイクルを繰り返すことです。

もしくはゲームから与えられた問題が十分に多いか、一つの大きな問題があり、そこに多くの時間を割く、というケース。この場合、問題解決の繰り返しに飽きてしまわない程度にバリエーションがあり、時間がかかる問題を達成する道筋が十分に細分化され、自分がそのステップを少しずつ進んでいるという実感が得られるように作られている必要があります。また、昨今ではオンラインゲームや多くの人がプレイするモバイルゲームのように、ゲーム世界の外の人間関係や他プレイヤーの存在が競争や習熟を促進しているものも増えています。

ゲームとは、解決するべき問題と解決方法をグラフィックデザインや物語などで提示してきっかけを作り、小さな問題解決を繰り返すことで問題解決の楽しさを感じさせ、結果を蓄積して可視化することで継続性を高めるようデザインされています。モチベーションをコントロールするためのデザインが、ゲームのデザインと言ってもよいでしょう。

消極的なゲームプレイヤー

ゲーム開発はたいへん

前項で述べたように、ゲームはプレイヤーがはまりやすい構造を作っています。

しかし、さまざまなプレイヤーに対応しようとするとどうしても仕掛けが複雑になり、作るための手間も増大していきます。なんとかしてゲームをシンプルに保ったまま多くのプレイヤーに対応したいと、（プレイヤーとしてはわがままな私も）開発者の視点としては思います。

シンプルなゲームは、することが少ない分だけ難易度を上げるときには障害の難度や出現頻度を線形に上げていくことになりがちです。テトリスでいうなら、ブロックの落下速度がどんどん上がっていく、というのがそれに当たります。この場合、プレイヤーはとにかくすばやい操作と思考が必要となるわけですが、反射神経や動体視力、手先の器用さなどは、ゲームが上達するノウハウの外にある人間としての基本能力で、簡単に鍛えることはできません。私のように反射神経や動体視力に自信のない人間は、パズルゲームやシューティングゲームなどをさわってすぐの段階では楽しめますが、難易度の上昇が自分の習熟度合いを上回り、基礎能力的に越えられない壁があると実感すると、すぐに心が折れてしまいます（**図1**）。

もちろん、私のようにゲームが上手ではないプレイヤーのために多くのゲームでは難易度調整のためのメニューを用意しています。「EASY／NORMAL／HARD」や「BEGINNER／NOVICE／EXPERT」などの段階があります。しかし、ゲームを「NORMAL」で始めた末に限界を思い知って「EASY」や「BEGINNER」に変える瞬間というのは、なかなか屈辱です。たとえばシューティングゲームで無数の弾丸が飛来する中、巧みに自機を操ってそれをかい

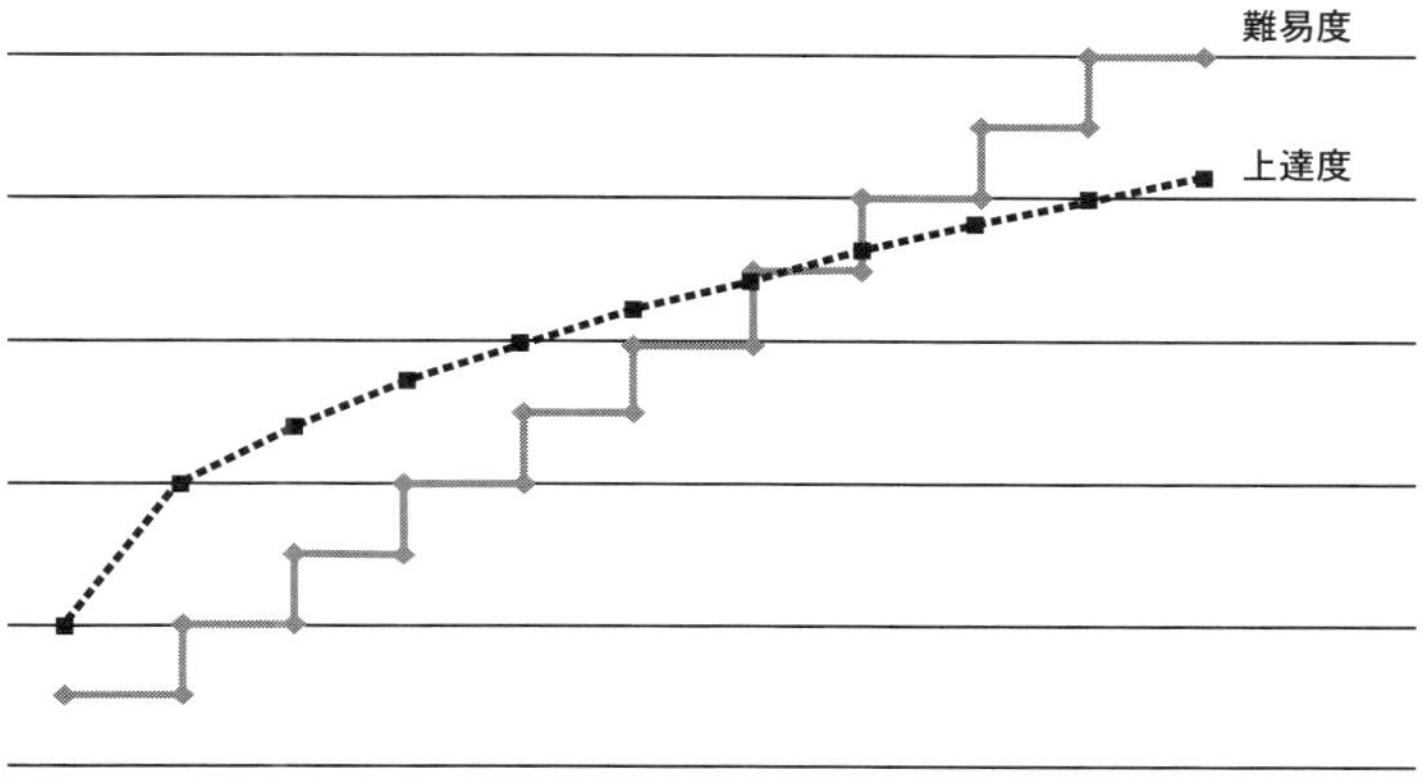

図1 難易度と上達度

くぐり、次々敵を倒していく様子がかっこいいので自分もそうなりたいとプレイを始めたものの、まったく自分では無理で、難易度を下げ、露骨に飛んでくる弾が少なくなるのを見て悲しくなるといった具合です。

ゲーム難易度の「NORMAL」は、基本的に開発者が想定する標準的なプレイヤーのために用意されています（昨今のゲーム開発ではユーザーテストなどを積極的に行いますので、単なる主観ではなく、データに基づいた設定かもしれません）。プレイヤーにとっては、自分の標準的なプレイこそが「NORMAL」であって欲しいはずです。あまり上手ではないプレイヤーは、「EASY」を選ぶことによって自分が標準的なプレイヤーではないことを思い知らされ、なんとなく損をしたような気分になるわけです。

ゲームに対する積極性

ゲームに対する積極性にはいくつかの軸があります。一つは社会的、生活的な積極性で、わざわざ時間を作ってプレイするかどうか、という点です。これは余暇時間に大きく左右されます。自由な時間を作りにくいと相対的にゲームの地位は低下していき、わざわざゲームを起動してプレイするだけのモチベーションが得られません。

もう一つは、自分の実力に対して難しいものにチャレンジするかどうか、という積極性です。常に緊張したゲームプレイを求めるのか、それとも流し気味で簡単に爽快感を得たいのか、という違いです。これは相対的なものであるため、下手なプレイヤーにとって緊張感がある難易度でも、上手なプレイヤーにとっては簡単過ぎて作業になってしまう、というようなことは容易に起こりえます。

実は、両者は独立した要素ではなく、下手なプレイヤーは上達に必要な時間がより多く必要なため、社会的な積極性をより多く求められることになります。

時間的制約については、たとえばスマートフォンの向けのゲームなどが一部でニーズに応えており、短時間でも楽しめるコンテンツが数多く提供されています。しかし、うまくプレイしたいけれども能力が追いつかない、かといって人並み外れた努力をするほどではない……、そんな消極的なプレイヤーも存在します。

そんな人でもゲームを楽しめる仕組みがあれば、よりゲームの幅は広がるのではないでしょうか?

4.3 誰でも神プレイできる

誰でも神プレイできるシューティングゲーム

前節でいくつかの消極的なゲームプレイヤーのパターンを挙げましたが、そのうち特に気になるのは能力が追いつかないタイプ……つまり私自身のことです。私は古くから多くのゲームをプレイしてきましたが、特に昔のゲームは容赦なく難易度が高く、ほんの短時間でゲーム終了となってしまいます。とりわけシューティングゲームとは相性が悪く、一定以上の頻度で弾が飛んでくると一つの弾を避けた結果、他の弾に当たってしまうのです。シューティングゲームは、見た目に上手下手が非常にわかりやすいゲームジャンルです。画面上に飛来する弾が多ければ多いほど、弾速が速ければ速いほど、難しくなっていくのは自明です。特に「弾幕シューティング」と呼ばれるものは、驚くほど多くの弾丸が飛来し、時に見ているだけで理不尽に思えるほどですが、上級プレイヤーはそれを易々と避けて華麗にプレイを続けます。その様子は時に「神プレイ」と呼ばれます。

こういったプレイは、何度もプレイをし、攻撃のパターンを覚えることによって可能となるわけですが、上記のように、前提となる反射神経や動体視力は必要です。それらが乏しいと、習熟に途方もない時間が必要となってしまいます。あるいは途方もない時間をかけても無理かもしれません。

神プレイを目指して練習してもそこに到達しないかもしれない、練習しても習熟が遅すぎて投じた労力に対する見返りが少ない、と感じてそもそも練習しない。これが消極的なプレイヤーです。ゲームにそこまで労力を割くなんて、という言い訳も出てきます。

しかし、一度でよいので神プレイをしてみたい。それも、がんばって練習することなしに。そんな気持ちから作ったのが「誰でも神プレイできるシューティングゲーム」でした。

なぜシューティングゲームが下手なのか

前述のように、シューティングゲームは見た目によって難しさが判断しやすいゲームジャンルです。飛んでくる弾丸の数が多くなると、目の前の弾を避けても他の弾に当たってしまうかもしれません。避けなければならない複数の弾を把握しておく必要があります。視界に入る弾の数が多い場合、どれが避けるべき弾でどれを無視してよいのかを適切に判断することも重要です。下手なプレイヤーはまずここができません。

そこで、当たる弾かどうかが簡単にわかるならどうでしょうか？　たとえば、当たる可能性のある弾は赤、当たる可能性がない弾は緑。それなら、赤の弾だけを見ればよいことになり、難易度はそれなりに下がるはずです（図2）。

弾が命中する可能性があるかどうかは、まずプレイヤーの現在の状態（移動方向、加速度、操作方向など）から、弾の到達までの移動範囲を算出し、弾の軌跡と移動範囲が重なるかどうかによって求められます。その結果によって弾の色を変えれば、弾丸は多いけれども避けやすいシューティングゲームができます。

しかし、これには大きな欠点があります。色分けされているということは、プレイヤー以外の第三者が見ても、いずれその色分けが当たるかどうかによって「なされている」というのが見て取れます。つまり、それは見た目に「明らかに難しいゲーム」ではなく、神プレイも成り立たないわけです。この方法は保留します。

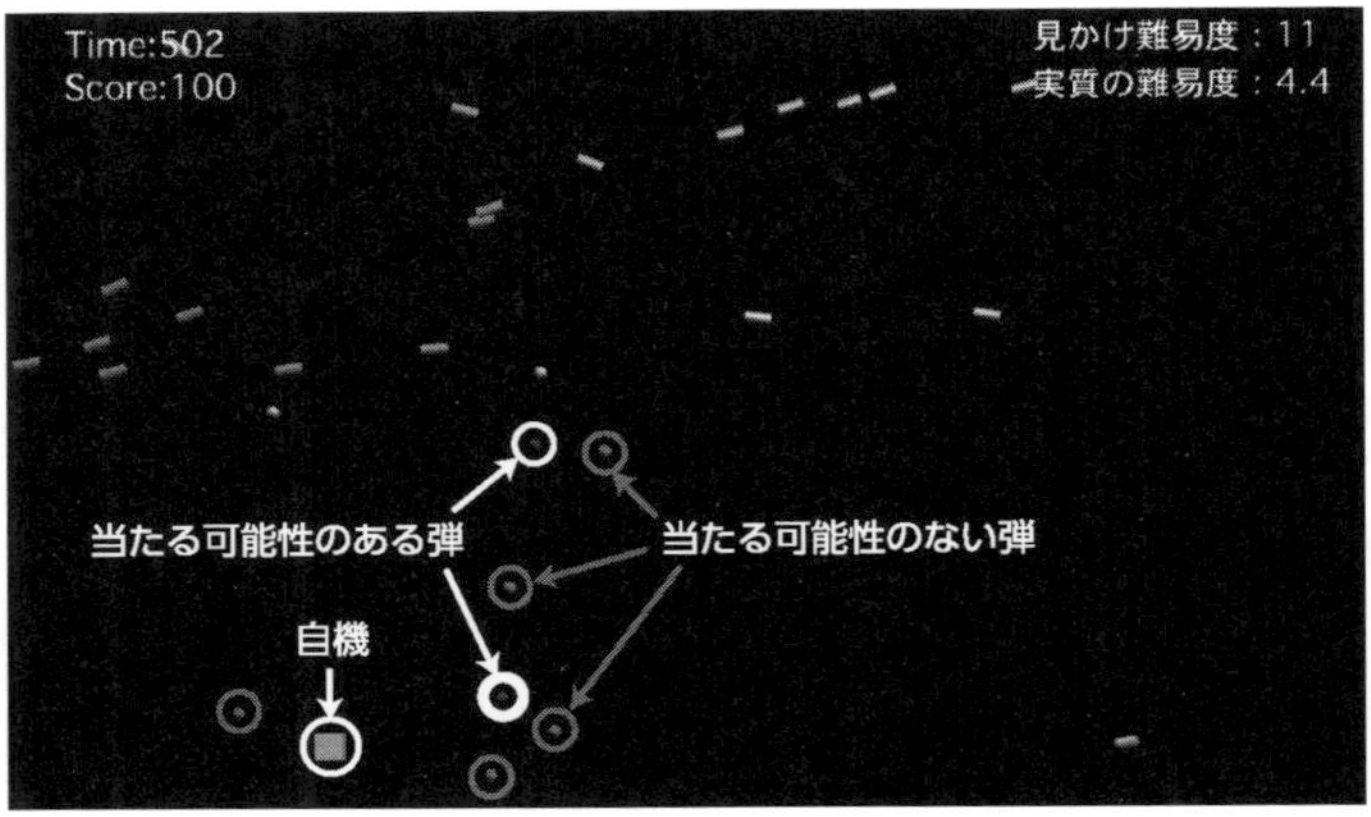

図2 弾丸の色分けをする

下手でも避けようとはする

そもそも第三者の視点以前に、プレイヤーの主観で「難しいゲームではない」と感じてしまったら、その時点で神プレイをしているという実感がなくなるかもしれません。いや、おそらくなくなるでしょう。

こうなると、プレイヤーの主観でも第三者の視点でも「難しく見えるけれども、実のところそんなに難しくない」という状態を作る必要があります。そんなことができるのでしょうか？　結論から言うなら、できます。

飛んでくる弾が当たるかどうかの判断というのは難しいものです。上手なプレイヤーはその判断がうまくできるわけです。では、上手なプレイヤーは「当たるか当たらないかわからない」弾が飛んできた場合にどうするで

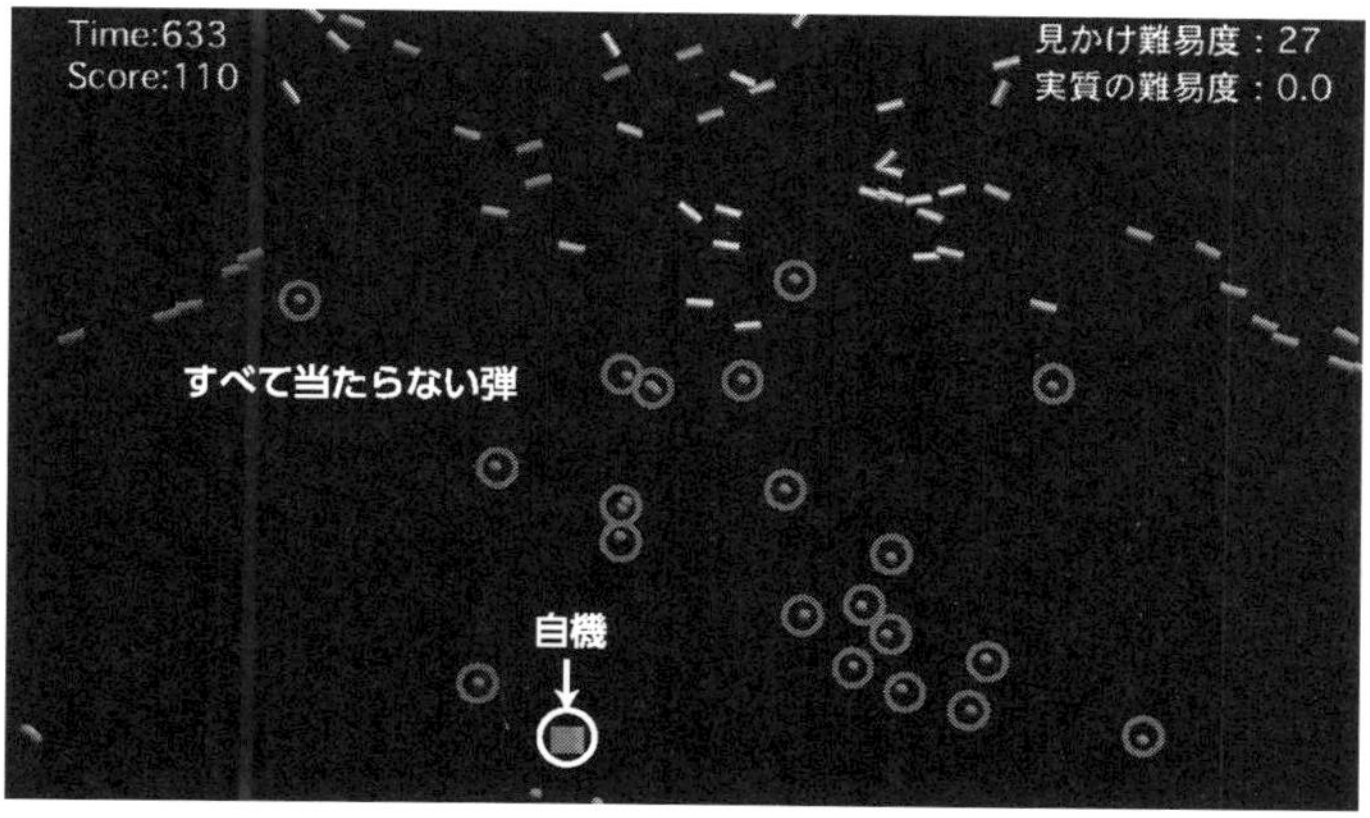

図3 計算上は当たらないが見分けがつかないところに弾を撃つ

しょう？　どちらかわからないのならば避けるはずです。そう、当たるか当たらないかわからない、これは当たるだろうというギリギリのところに撃たれた弾は避けるしかありません。つまり、前述のようなプレイヤー移動範囲の予測を使い、その範囲の少し外側、計算上は当たらないけれども見分けがつかないというところに弾を撃てばいいのです（図3）。

本当に神プレイできるのか？

この技術によってできたのが、「誰でも神プレイできるシューティングゲーム」です。当然ながら最初の被験者は自分になりました。自分で仕掛けを作っているのだから、当然仕組みはわかっています。その状態で、実際に何かしら爽快な感覚を得られるかどうか懐疑的だったのですが、実際にやってみると、すべての弾が当たらないとわかっていても飛んで来る弾が自機をかすめるとヒヤヒヤとします。また、完全にすべての弾を当たらなくするのではなく、ごく少数の当たる弾を入れると、真剣に避けざるを得なくなり、ゲームとしての緊張感を保つことができます。当たる弾の数を変えずに当たらない弾だけを増やすと、実際にはゲームの難易度は上がらず、プレイに大きな影響はないはずですが、明らかに緊張感は増し、プレイを続けると次々に飛んで来る弾を避けていく爽快感が増大します。

その後、多くの人にプレイしてもらうため、難易度を徐々に下げていくという仕組みを作り、ただ避けるだけでなく、画面上に存在するカプセルを取ることで得点を得るというゲームにしました。三回を一セットとしてまず難易度の高い状態から始め、自機が爆破されたら次の回では難易度を下げます。

誰でも神プレイするためのデザイン

まず難しい状態からです。絶対に当たらない弾は予測の仕組みを使っていますが、この予測は本来､動いているものに弾を当てるための「偏差射撃」という技術です。プレイヤーの操る自機はコントローラーのスティック、もしくはキーボードの矢印キーを操作することで徐々に加速し、最高速度に達すると等速運動に変わります。この計算式がわかっていると、そのままの操作を続けたプレイヤーの機体に確実に弾を当てることができます。

二次元平面でプレイされるシューティングゲームで飛んで来る弾は、自機の現在位置を狙ってくるものとあらかじめ決められた方向に撃つものとの組み合わせが多く、予測射撃をするものは、私の知る限りありません。最初はこの予測射撃弾を使います。実際にプレイをしてもらうと、シューティングゲームがある程度得意というプレイヤーでも、画面上に数発しかない弾に吸い込まれるように当たってしまいます。

それも当然で、予測弾ばかりを撃たれると、弾が撃たれてから当たるまでの間に必ず状態を変える必要があるからです。つまり、止まっているなら動かなければならず、動いているなら止まるか逆方向に動かなければなりません。得点を取るにはカプセルの方向に動かなければなりませんから、プレイヤーはできるだけカプセル方向に進みたくなり、避ける判断が遅れるのです。

シームレスな難易度調整

プレイヤーの自機が撃破されたら、難易度を下げます。飛んで来る弾の一部を絶対に当たらない弾に変えてしまうのです。ここから先、絶対に当たらない弾を「回避弾」と呼びますが、その回避弾は予測弾と同じアルゴリズムで動いています。狙う先がプレイヤーの予測位置よりもわずかに外側だというだけです。見分けはほぼつきません。

先のプレイで弾が数発しかないのに当たってしまった経験により、プレイヤーは非常に慎重にプレイします。が、そのプレイの姿勢に反して、先ほどよりは実際の難易度は下がっていますので、今度は着実に得点を重ねていきます。そのままでは、「簡単に見えるゲームが少しうまくなった」という程度の感覚しか得られませんが、そこからが「誰でも神プレイできるシューティングゲーム」と呼称した所以です。

飛来する弾の数は得点を重ねるごとに急激に増えていき、やがて画面を覆い尽くすほどに多くの弾が飛んできます。難易度が下がったとはいえ、さすがに弾が多すぎると避け続けることはできないので、プレイヤーはこれは無理だと感じてしまいますし、実際にそこそこ得点を取ったところで弾に当たり、撃破されてしまうのです。ゲームは明らかに難しく見え、デモの際には観客からは笑いが起きるほどでした。

最初は見た目よりも難しい、次はがんばって得点を取ったけれども、絶望的に弾が多いという経験をしました。さらに、その次は最終段階として絶対に当たらない弾だけが飛んくる、という状態を味わってもらいます。

うまくプレイできたという錯覚

多すぎる弾丸に撃破されたプレイヤーは、呆然として半ばあきらめ気味に三回目のプレイに入ります。再び少しずつ得点を重ね、飛んで来る弾数も増えていきます。しかし、今度はなかなか撃破されません。前回撃破された得点を越え、弾に当たりそうになってもギリギリで回避します。観客からは「すごい！」「あぶない！」と声が上がります。

やがて二回目のプレイの倍くらいの弾が飛んでくる状態になりますが、それでもプレイは終わりません。全部の弾がプレイヤー機に当たらないように撃たれているので当然と言えば当然ですが、動かしているほうは真剣です。いつまで経っても終わることはないので、適度なところでプレイはやめてもらいますが、最後に感想を聞くと、みんな一様に「うまくなった気がした」とコメントします。

これは非常に重要なポイントです。最初から見た目は難しいけれども簡単なゲームをプレイしてもらったら「このゲームは見た目よりもずっと簡単だ、何か仕掛けがあるに違いない」と考えるのが普通です。しかし「見た目よりもずっと難しい」「何とか乗り越えたがこれ以上は無理」という状態を経ることによって、「自分がうまくプレイできる＝自分が上達して神プレイできた」という感覚につながるのです。

誰でも神プレイできるジャンプアクション

ゲームプレイと自己主体感

「誰でも神プレイできるシューティングゲーム」を作ってみてわかったのは、単純に神プレイ感が楽しめるだけではなく、「うまくなった」という感覚が得られるということでした。

これには「自己主体感（Sense of self-agency）」と呼ばれる感覚が密接に関わっていると考えています。自己主体感とは「ある行為を自分自身が行っている」という感覚です。

人間は行為の前に、その結果どのようなことが起こるのかを常に予想しています。行為の後、実際に起こった事象が予想の範囲と一致すると、自己の行為が招いた結果であると判断します。裏を返せば、予想と大きく食い違う結果を招いた場合、それは自分の行為であると感じられなくなるのです。

たとえば、「ボタンを押すとブザーが鳴る」というような装置があるとします。ボタンを押し、すぐにブザーが鳴るとほとんどの場合、それは自分が行った結果だと判断できるでしょう。しかし、ボタンを押してからブザーが鳴る時間を遅らせていくと、徐々に「自分が鳴らした」という感覚は薄れ、0.2秒程度の遅れで自己主体感はなくなります。

「誰でも神プレイできるシューティングゲーム」のプレイヤーは、自分がうまくプレイしようとがんばったという主観があり、段階的にプレイ時間が延びるという結果があるため、それを自己の行為によるものと認識できるのです。

神プレイによるモチベーションのコントロール

感覚だけでも神プレイっぽさを味わいたいと思って作った「誰でも神プレイできるシューティングゲーム」でしたが、「うまくなった」という感覚が得られるなら、もう少しいろいろなことに応用できそうな気がします。

「消極的なゲームプレイヤー」の項で書いたように、ゲームにはまれない原因の中には、能力の壁によって限界を感じてしまったり、上達があまりに遅いので十分なリターンが得られず、あきらめてしまったりというものがあります。

「誰でも神プレイできるシューティングゲーム」のような仕組みを使えば、上達が遅いプレイヤーに対しても適度な上達感を与えてモチベーションを持続させ、もっと長くゲームを続けてもらうことができるかもしれません。ただ、このシステムにはやや懸念点があります。それは、うまくなったように見せかけると実際のプレイスキルは上達しない、むしろ下手になってしまう可能性もあるのではないか、ということです。

そこで、実験をしようと思い立ちました。そのために作ったのが「誰でも神プレイできるジャンプアクションゲーム」です。「誰でも神プレイできるシューティングゲーム」はプレイヤーに当たらないように弾を撃つという手法で、プレイヤーに主観で気づかれないように難易度を調整する仕組みでした。これはプレイヤーの操作にかかわらず当たらないので、受動的な神プレイといえます。そこで新しく、プレイヤーの操作の結果を補正することで「うまくなった」と錯覚させられるようなジャンプアクションゲームのシステムを作りました。

より能動的な神プレイの設計

「誰でも神プレイできるジャンプアクションゲーム」は、いわゆる横スクロールジャンプアクションです。プレイヤーは自機を操り、スペースキーを押して離すことで、ジャンプして空中にあるカプセルを取り、得点を重ねていきます。ジャンプの高さは押している時間によって決まり、押す時間に従って自機が縮むことでジャンプの溜めを表現しています（**図4**）。

これは「溜めジャンプ」といわれる操作方式で、やや一般的ではありません（たとえば『マリオブラザーズ』のようなゲームはジャンプボタンを押した瞬間にキャラクターが空中へ飛び上がります）。プレイヤーは右から飛んで来るカプセルを見て、どの程度の時間、キーを押してジャンプの高さをコントロールすればいいかを見極め、適切な位置でスペースキーを押し、適切な位置で離す必要があります。この三つがうまくできて初めてカプセルが取れるため、慣れるまでは難しいと感じます。

これに対し、スペースキーを離した瞬間にカプセルの高さと自機の位置から、どの程度のジャンプをすればカプセルが取れるのかを計算します。このとき、理想的なのはジャンプの頂点でカプセルを取ることです。頂点でカプセルを取るとジャンプの高さは最小で済むため、次のカプセルがすぐに飛んできてもそれに備えることができるからです。最小ジャンプで取れない場合は、上昇中のできるだけ低い位置でカプセルが取れるジャンプの

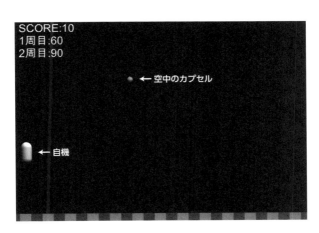

図4 誰でも神プレイできるジャンプアクションゲーム

強さを算出します(**図5**)。

　次に、補正の強さを〇から一〇〇までの数値で持ち、それに応じてスペースキーを押下していた時間から出るジャンプ力の強さと、理想的なジャンプ力の強さの間で、実際に行うジャンプ力を決めます。このとき、補正が〇なら操作そのまま、補正が一〇〇なら操作にかかわらず理想のジャンプをします。五〇ならその中間、ということです。

神プレイの実験

　これらを実装したうえで、右から飛んで来る高さの異なる十個のカプセルを取るゲームを一セットとし、三セットのゲームをプレイヤーに遊んでもらいます。今回は、ウェブ上で「誰でも神プレイできるアクションゲーム」をプレイできるようにし、Facebook

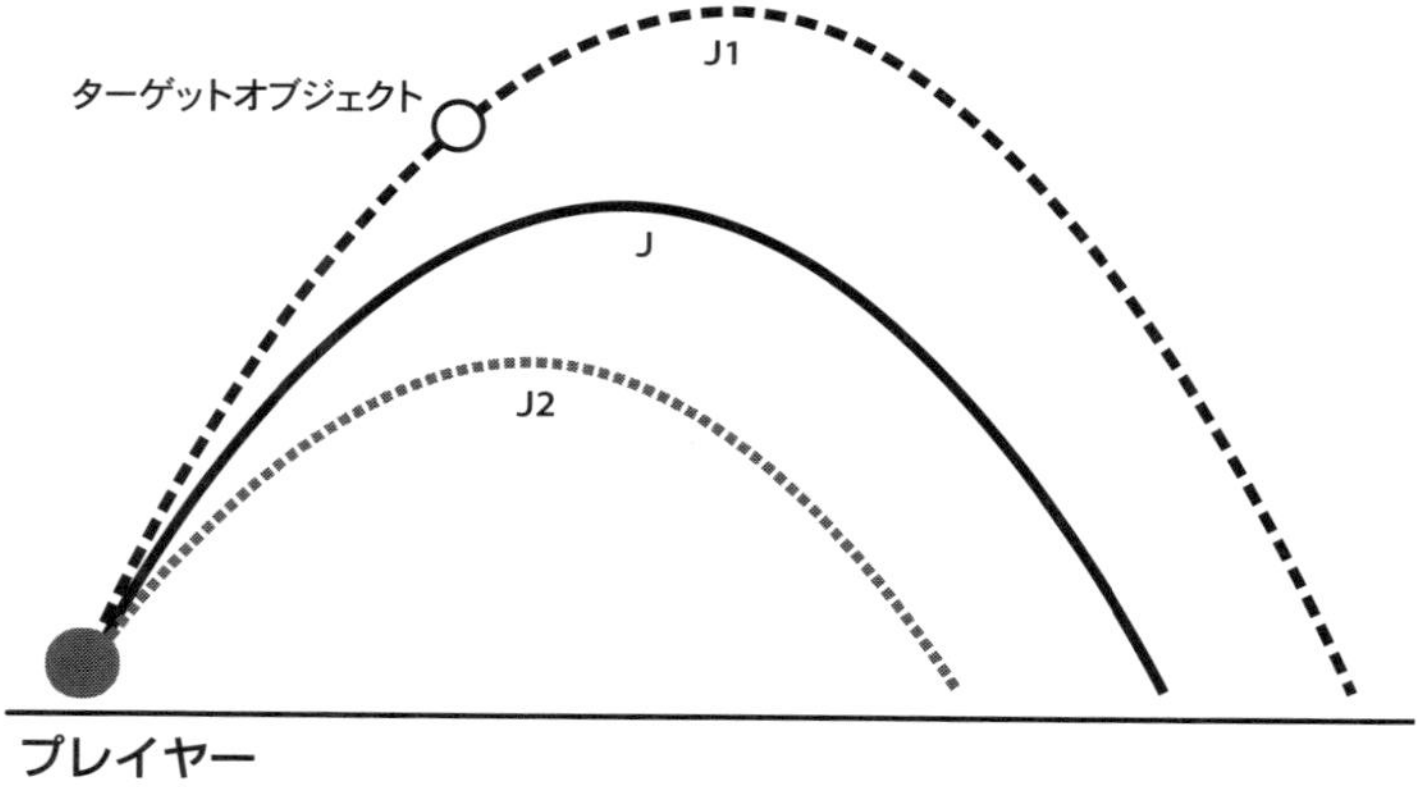

図5 J1が理想ジャンプ、J2がプレイヤーのジャンプ、Jが補正されたジャンプ

やTwitterなどのSNSで情報を拡散して多くの人に実験として体験してもらいました。データが取れたのは約二百七十八人です。

この二百七十八人は三つの群に分かれています。一つは三回のプレイいずれも補正を行わず、純粋にゲームプレイを行ったA群。もう一つは一回目に補正なし、二回目に三〇％の補正をかけ、三回目は再び補正なしに戻したB群。そして、三つ目は一回目に補正なし、二回目は三〇％補正、三回目はさらに補正を強め一〇〇％にしたC群です。

まずA群のプレイでは、初回のプレイは平均四四．二点、二回目は平均五二．六点、三回目は平均五八．六点でした。回数を重ねるごとに順調に得点を伸ばし、上達しているが見て取れます。

徐々に補正を強くしたC群に関しては、一回目が平均四七．一、二回目が平均六八．五、三回目が平均九〇．〇と大きく伸びているのがわかりました。補正がなくともA群のように得点は伸びていくわけですから、補正のあるC群としては当然の結果と言えます。

注目すべきなのはB群の結果です。初回が平均五〇．〇点、二回目が平均七三．六点と伸びています。そして三回目は補正を〇に戻したにもかかわらず平均得点は六八．五と二回目の得点よりも上がっていました。簡単な実験ではありますが、このケースでは補正を入れてからそれを切っても、初回よりは上達しているといえます。A群とB群は初回の平均得点に差がありますが、統計的に優位というほどではありません。一周目と三周目の伸び率を比較してみると、ほぼ同じ結果となっています。つまり、この場合補正を入れても入れなくても、上達の度合いに大きな差はなかったのです(図6)。

この実験では、一回のプレイごとにうまく操作できたかどうか(操作感)についてアンケートを取り、終了後に補正が入っていたことを明かしたうえでプレイに違和感を感じたかどうか、上達した実感があったかどうかを聞いています。

操作感は得点で決まっている

それらを集計すると、おもしろいことに、まず操作感は平均得点をほぼ比例する結果に

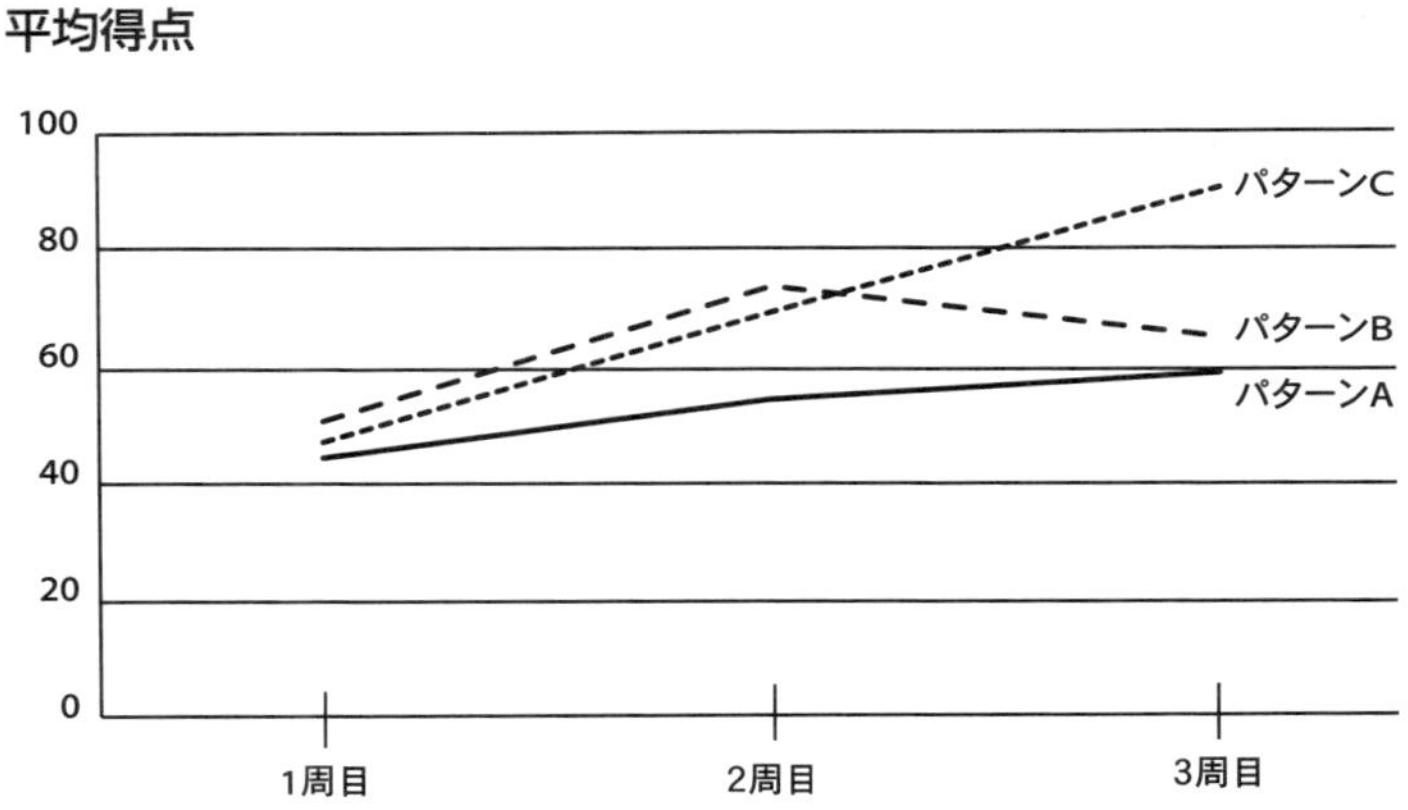

図6 平均得点の比較

なりました（図7）。多くの得点を取るためにうまくプレイしようとするところは基本的に共通で、その結果として得点が取れたかどうかでうまくプレイできたかどうかを判断していると考察できます。うまくプレイできたかどうかという感覚は過程ではなく、結果なのです。

また、違和感については、補正を強くかけた回ほど強く違和感を感じているという集計結果になりました。これは予想されたことなのですが、意外なことに上達感もまた補正が強いほど強く感じているという結果になっています。違和感を強く感じると自己主体感が弱くなり、上達感も同時になくなるのではないかと考えていたのですが、全体としては違和感が強いときには上達感も強いという結果

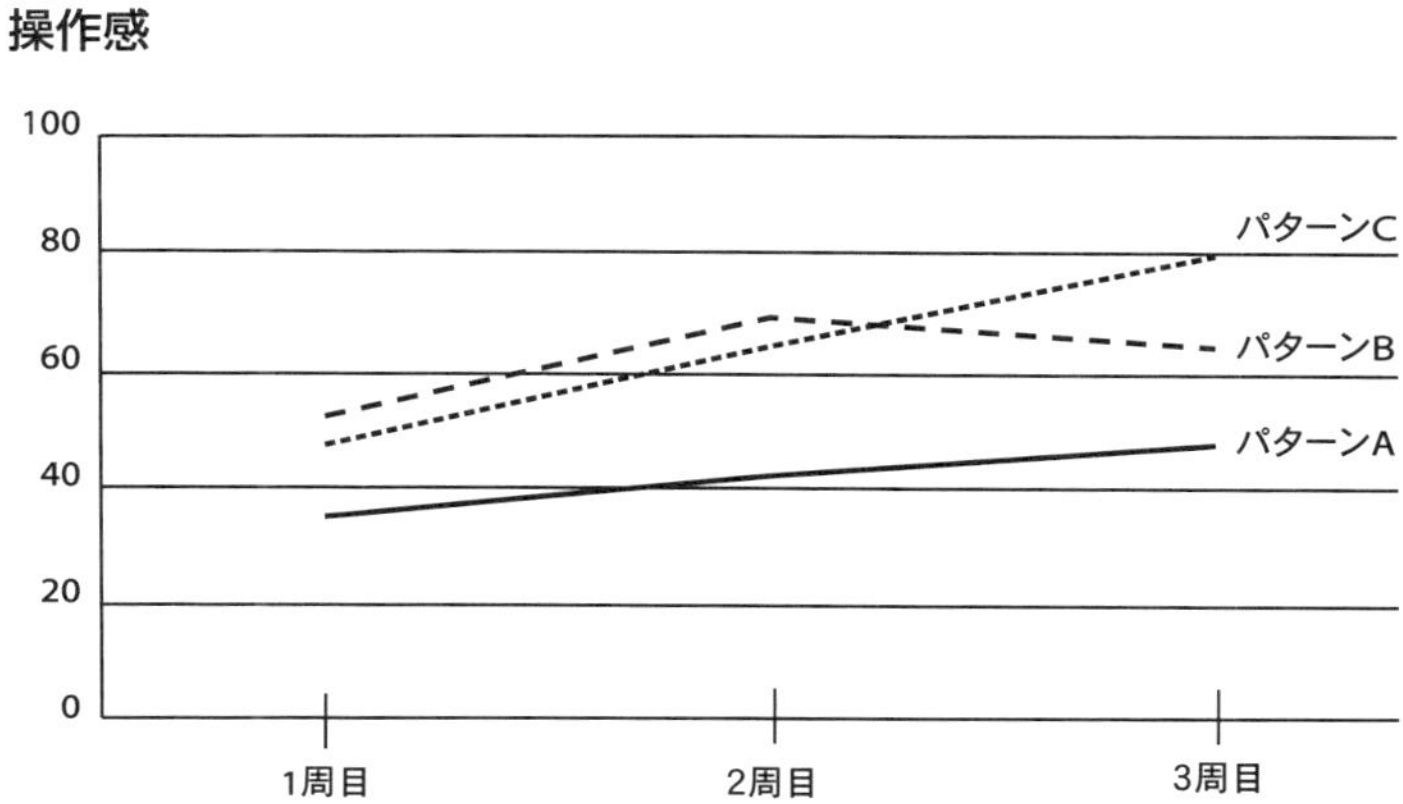

図7 操作感の比較

になりました。

違和感の分布を見ていくと、ほとんどの場合は違和感がないという回答がベースで、一部のプレイヤーがとても強い違和感を感じているということがわかります（図8）。

これはおそらく、違和感のあるプレイヤーとないプレイヤーにはっきり分かれた結果でしょう。違和感を段階で感じているのではなく、たとえば明らかに操作をミスしたのに補正一〇〇であるため取れてしまった、というようなケースに違和感を感じているからと考えます。

実際にゲームに入れるなら

今回は実験のためにあえて一〇〇という大げさな補正を入れていますが、実際は五〇程度の補正があれば十分に上手と思えるプレイができる見込みです。また、おそらく上手な

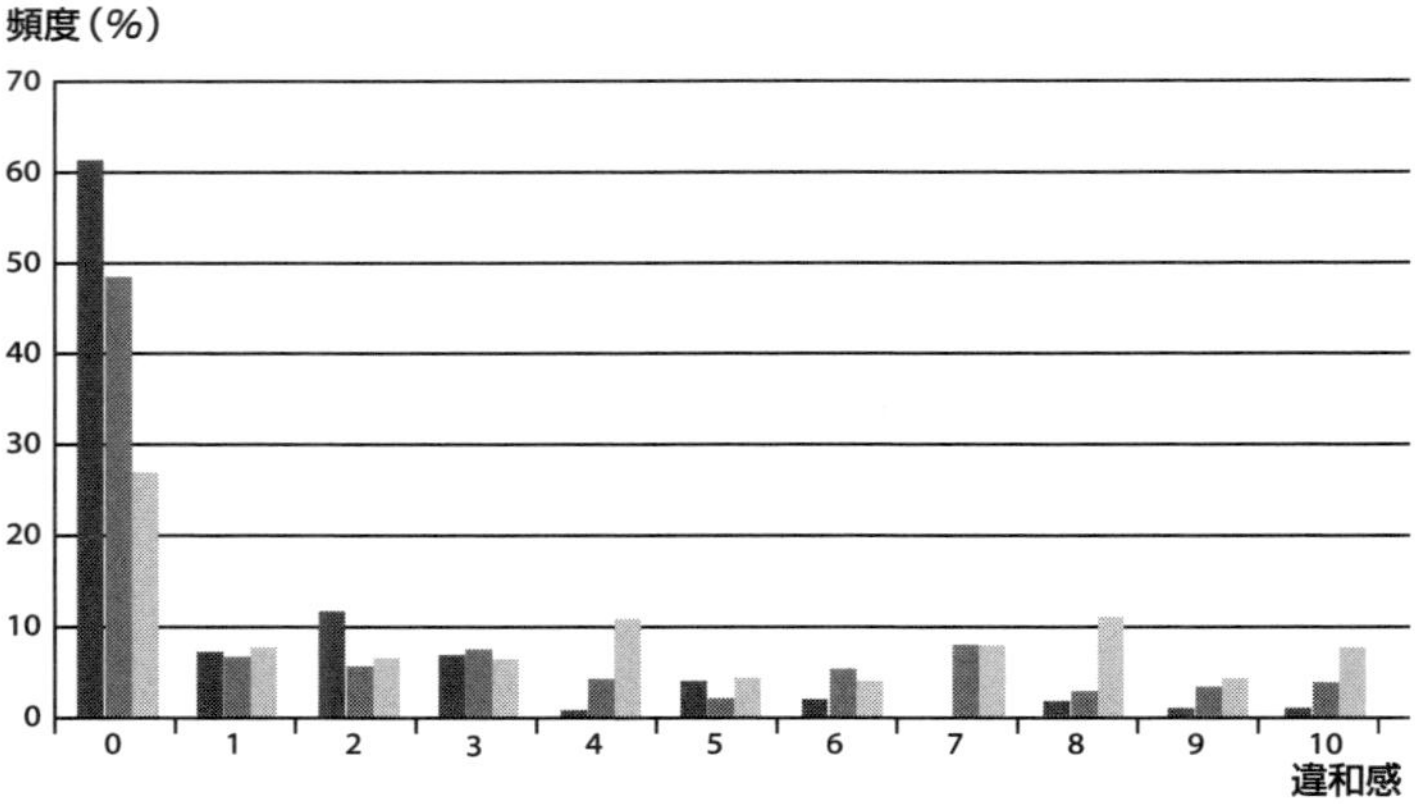

図8 違和感の分布

プレイヤーほど微妙な挙動の違いに敏感になりますが、このシステムでは理想的なジャンプとの差を割合で補正するため、上級者は補正の量も少なくなり、結果的に違和感も感じにくくなります。

得点が低い際や得点が伸びない場合に少しずつ補正を強くし、伸びてきたら得点が下がらない程度に補正を弱くしていくことで、わずかずつでも得点が上がってモチベーションが保たれ、実際に上達できるだけプレイを続けてもらえるようにコントロールするのが理想の形です。

ゲームそのものがとても地味なので、表題の「誰でも神プレイできる」はちょっと大げさだったかもしれませんが、着実に上達していく感覚を与えられる、それをコントロールできるという点で、この「誰でも神プレイできるジャンプアクションゲーム」は意図にかなったといえるでしょう。

誰でも神○○できる××

神プレイの応用

ごく個人的な、極めてわがままな「あまり努力はしたくないけれどもすごいプレイをしたい」という願望から始まったこのシリーズですが、「うまくなった感覚が味わえる」「上達感覚をコントロールして長く遊ばせ、実際に上達させる」という方向性は見えてきました。では、これはどんなことに応用できるでしょうか?

たとえば、タッチタイピングの練習に応用できると考えられます。タッチタイピングは今日、多くの人が日常的に行っていますが、速度向上を図りたいという人も多いはずです。しかし、日常的に使う技術はすでにある程度習熟しており、簡単に速度は向上しません。そこで、タッチタイピングを用いたゲームでは、ストイックに練習するだけでなく、さまざまな演出を入れたり、ゲーム的な入力困難要素(たとえば画面上に唐突に現れるグラフィックに入力すべき文が書いてある、など)を加えることで飽きさせないようにしていますが、それはそれでゲームに習熟しているのか、タッチタイピングに習熟しているのかがわからなくなってしまいます。ゲームに夢中になってタッチタイピング能力が向上する、というのが狙いですが、反面、タッチタイピング能力は向上しているのにゲーム部分で引っかかって心が折れてしまうということもあり得ます。

タッチタイピングへの応用

そこでプロトタイプとして作ってみたのが、「誰でも神プレイできるタッチタイピングゲーム」です。十文字のランダムなアルファベットの文字列を入力するのですが、一文字でも間違えると最初からやり直しになります。これにより、正確なタイピングが要求されます。これを十回繰り返して一セットとし、得点を出します。プロトタイプでは何を打っても正しいものとして判定されるモードを実装してみました。実際にやってみるとわかるのですが、何を押しても正しいと判定されるとわかっていても、めちゃめちゃにキーを押すのは非常に気持ちが悪く、なんとなく正しいキーを押そうとしてしまいます。

また、単にタッチタイピングソフトを作ったと称して何人かにやってもらったところ、一文字も間違えられない仕様のため、非常に慎重にキーを打っていて非常に間違いが少なく、間違ったときには間違ったとわかるのに正しいと判定されてしまうため大きな違和感を覚える、といった結果になりました。

おそらくですが、タイピングにはもともと間違えてすばやく消すというプロセスが含まれており、自分が間違えたという自覚に敏感なのだと思います。この仕様で作る場合は、一文字でも間違ったらダメというルールではなく、できるだけ速く打ってもらう高速タッチタイピングの練習として行い、同時に複数のキーを押してしまった場合などにそれを許容するような作りにしたほうがよいかもしれません。許容幅も両隣だけ許容、隣接したキーまで許容、どれを打ってもＯＫなど段階を設けます。

また、タイピング速度には限界がありますから、限りなく高得点を目指すのではなく、一日三セットだけ練習するという形にして、二回目よりは三回目、昨日よりは今日のほうがやや高得点、というような結果を目指したほうがよさそうです。

ランキングとモチベーション

もう少しタイピングについての知見や学習についての知見を得ないとあまり確かなことは言えませんし、私は教育効果の専門家ではありませんが、一つ言えるのは、人が行動を続けるにはそれに対して何か意味がある、意味があったと感じることが必要、ということです。

先のゲームの例でいうなら、「少しプレイしたら少し得点が上がった」という主観的な事実が「もっと高い得点を取れるんじゃないか」という期待につながり、プレイを持続させます。

一方で、そういう仕組みは逆にモチベーションを下げてしまうこともあります。たとえばランキングボードで上位者の成績と自分の成績があまりにかけ離れている場合、それは特にモチベーションにつながりません。友だちの中で自分が最下位で、さらに下から二番目の友だちと大きな差が開いていたら、むしろモチベーションは下がってしまうでしょう。

これに対して、たとえば任天堂の『スマッシュブラザーズ for Wii U/Nintendo 3DS』では、ゲームデザイナーの桜井政博さんが「世界戦闘力」という自分より下の順位にいる人数を表示するシステムを採用しています。これは実質的には順位なので、たとえば友だちと相互に比較すればどの程度の差があるのかわかってしまいますが、少なくとも見ただけで「自分は五十二万三千四百四十七番目のプレイヤーか……」とはならず、少しだけ優しい環境を作っています。

「誰でも神プレイできる〜」の場合は、基本的に実力に対して下駄を履かせる仕組みなので、たとえばプレイヤーの得点分布を、〇〜一〇〇から八〇〜一〇〇に圧縮します。補正はあくまで順位を逆転させないように行う必要がありますが、そこに気をつければ、一見して絶望的に下がる、というような印象を受けることは防げるわけですね。

とはいえ、ランキングなどのシステムを目の敵にすることはありません。ある程度実力のある人がモチベーションを保つために競争相手を作る、というのは世の中の多くのところで使われているやり方です。しかしそこに加われない、私のようなプレイヤーには別のモチベーション向上の仕組みが必要なのです。

4.4 モチベーションをハックする

「〜した」気になる

結果とモチベーション

実際にはしていないのにしたような気分になるというのは、しばしばマイナスの意味で使われます。たとえば、有益ではない会議をしただけで仕事をした気分になる、あまり効果のないダイエット機器を使って体重が減ったような気になる、など実際にありますね。

先に述べたように、人は行動をする際にどのような結果になるかを予測しています。しかし、身体動作などはすぐに結果がわかるものの、すぐに目に見える結果が出ないものに関しては、意図した結果が得られると思い込んでしまっている場合や、反対に目に見えないので効果があるのか不安になる、ということが起こり得ます。

そのため、仕事においては成果を可視化することが重要とされますし、ダイエットなども長期的に記録をとり続けることが有益です。

しかし、ダイエットなどにおいては実際に行動を始めてから減り始めるまでに少しタイムラグがあったり、ずっと続けていても減らない時期があったりといったことが起こります。こういったときには、別の評価軸があると励みになるかもしれません。たとえばスマートフォンのアプリで毎日ダイエットに関して質問をされ、答えていくとスコアが出る。それを体重の増減と照らし合わせ、長期的に成果が出ているかどうかを可視化するなどの手法が考えられます。ダイエットは実際に効果を出すためにしているわけですから、いたずらにウソの数字を与えることはできません。しかし、短期的に得られる報酬としてスコアをつけ、それを長期の「体重減少」という目標につなげるための一時的な動機として使うことはできるでしょう。

休んだ感は計測できるか？

必ずしも結果を出さなくていい、という場合もあります。たとえば休日、家で過ごしていたのにイマイチ休んだ気にならないというようなケースでは、休んだ気分になることが重要です。しかし、休んだということを実感してもらうために、何かしらの生体データの類いを取って休んだことを納得できるようにする、というのは若干息苦しさを招きます。スコアを与える手法も、必ずしも万能ではないということです。

このように、人間の実感と実際に起こっている現象の間にはズレがあります。自分の行動が視界の範囲外、時には地理的に地球の反対側や、情報という目に見えないものに影響を及ぼすようになったのは、人類の進化の過程においてごく最近のことですから、人間はまだそういった出来事を予測し、実感するのに適応していません。

しかし、そこにどのような法則があり、どんな入力をすればどんな出力が得られるのか、というようなことを理解すると、それらをうまく利用できるようになります。

「誰でも神プレイ～」はそういった認知と現実とのギャップを使ったシステムですが、もしこういったシステムがさまざまなジャンルに応用され、どこにでも使われるようになり、そういうシステムが存在するという知識が広まると、今度は自分のしていることが本当に結果を出しているのか、それともシステムに結果を出しているように思い込まされているのかわからない、という感覚に苛まれるケースが出て来ると予想されます。

結果がハックされている？

そういう人に対してはどう対処すればよいでしょう？

これは、なかなか難しい問題です。私自身は「誰でも神プレイ～」のようなデザインは、車でいうなら「ＡＢＳ（アンチロックブレーキシステム）」のようなもので、モチベーションの向上をサポートするための仕組みととらえています。たいていのゲームでは、プレイヤーが快適にゲームに没頭できるよう、操作を補正する仕組みが使われていますが、そういうものをアンフェアと考える人はあまりいないのと同様です。

しかし、たとえばソーシャルゲームの課金アイテムを買ってもらうためにモチベーションをコントロールされてしまったり、もっと社会的な行動を促進するような仕組みに使われたり、ということに不安を感じる人がいるのもわかります。

私は、いわゆるゲーミフィケーションなども含めて、システムやサービスの中にモチベーションをコントロールするための仕組みを持っているという情報をオープンにするべきだと考えます。そして、そうした仕組みをオフにできるものを選んだり、設定を変えたりすることで、あくまで自分自身の指標で自分のモチベーションをコントロールができるはずです。

ハックされないために

モチベーションをコントロールされることに不安を抱えてしまう場合は、まず「敵を知る」ことから始めるとよいのではないでしょうか。自分自身の心が自分の知らないところで何かに動かされてしまう、というところが不安感の始まりです。自分が受け取ったさまざまな感覚情報からどのように判断をし、どのように物事を決定しているのか、つまり人間の心理や認知について知ることで、システムやサービスがどういった意図でデザインされているかを理解しやすくなります。それだけでなく、自分のモチベーションをコントロールし、自分自身をうまく動かせるようになるかもしれません。そうした知見を持った人こそ、「誰でも神プレイ～」のように人を動かすためのシステムを作るのに向いているのではないかと思います。なぜなら、私自身がそういうタイプの人間だからです。

やる気になればやる気は出るか？

人間は努力によって多くのことを身につけ、さまざまな目標を達成することができます。何か一つのことを突き詰めると、驚くべき能力を発揮し、誰もなし得なかったことをなすことができる場合もあります。それには何かしらの才能が必要かもしれませんが、そこまでいかなくとも、日常の中にはやりたい、なりたいと思うようなことが無数にあります。それらの多くは時間や労力の都合でできないかもしれませんが、せめて何かにチャレンジしたときだけでも、それなりの結果は出したいものです。

やる気について考えてみる

そういうときに自分を奮い立たせ、やる気を出してばりばりとやれる、という方は特にこの章の残りを読む必要はありませんので、次の章へいきましょう（もともとそういう方はこの本を手に取らないかもしれませんが）。何かをしたい、でもやる気は出ないという場合、そもそも何かをするのにやる気が必要なのか、というところから考える必要があります。

「やる気がある」という状態を考えるときに、「やるぞ！」と奮い立った自分を想像してしまうと現状の自分と比較して行動する気になれないかもしれませんが、たとえば朝起きて顔を洗い、着替えて朝食をとる、みたいなことは強い覚悟がなくてもできるわけです。仮にでは、とてもやる気がある状態を一〇〇としたとき、このときはいくつでしょう？　一〇くらいとしてみましょう。朝起きて顔を洗うには一〇くらいのやる気があればよいわけです。しかし、朝目覚めてから起き上がって、ベッドや布団からすぐに出るためにはもう少しやる気が必要です。五〇くらいでしょうか？　しかし朝起きるという行為は、起きなかったときのリスクが時間とともに高まっていきます。起きなければ予定の電車に乗れず、学校や会社に遅刻してしまいますし、ギリギリになると駅まで走って電車に飛び乗ることになり、エネルギーの消費効率が悪いばかりでなく、通常より疲労した状態で通勤、通学することになって一日の始まりが台なしです。これは、高まったリスクがやる気に下駄を履かせることで、起きられるようになります。やる気一〇＋ペナルティ四〇の合計五〇で眠気を越えるといえましょう。

実際はこんなに簡単な数値で表現できるわけではないですが、上記の例でいうと、行動を起こすには、行動を起こすために必要な労力がやる気よりも少なくて済む、あるいは、外的要因によってやる気に下駄を履かせるか、のどちらかとなります。

夏休みを計画的に過ごせるか?

長期的な問題の場合はどうでしょうか? たとえば小学校、中学校の頃の夏休みの宿題は、なかなか手がつけられず八月末になって苦しむ悪名高いコンテンツです。夏休みが四十日、宿題の総量を一二〇〇としたときに一日に片付けなければならない宿題の量は三〇です。しかし、夏休みですから遊びに出るなどして宿題をしない日もありますから四〇としておきましょう。毎日四〇ずつ着実に片付けていけばまったく問題はありません。十日ほどバッファとしてあるため、終盤には終了して、ただ遊ぶだけの日々を過ごせるかもしれません。しかし、なかなかそうならないのはなぜでしょう? むしろ最初の十日で四〇〇を片付けるはずが二〇〇くらいしか終わっておらず、残り三十日は毎日三三やることが必須、しかし予定もあるので五〇くらいをやらないとまずい、となります。むしろ十日経った時点で気づいているなら幸運といえます。残り三日で残りは四〇〇、みたいなことも珍しくはないでしょう。

こちらの場合は、手をつけるためのやる気、そして持続するためのやる気が必要となるわけです。しかも、残り日数が少なくなり毎日の勉強量が増えると連続して勉強しなければならない時間が増え、効率も落ちていきます。それを残りほんの数日という強烈な危機感が補ってなんとか持続させる、ということになります。もう絶対に無理なのであきらめてしまうかもしれません。あるいは、中高のように教科によって提出先の先生が違う場合は、いっそ片付ける教科を絞って怒られる相手を減らす、という技術を駆使することになるかもしれません。

計画は常に崩れるもの

　では、なぜこういったことが起こるのでしょう？　それは、潜在的にあるリスクが最初のうちは見えにくいからです。危機感を持つ、というのは行動するための強い動機となりますが、同時にストレスももたらします。あまり先のいろいろなことを気にするようになってしまうと日常生活に支障が出るかもしれませんので、ある程度はまっとうな反応といえます。こういうところにこそ、情報技術を活用してサポートする意味があります。

　たとえば、過去の宿題作業量から自分が楽にできる宿題の量を算出し、残りの量と照らし合わせてやるべき宿題の量を提示します。毎日の作業量が楽にできる量を超えてしまった場合は、たとえば宿題をする時間を二回に分割し、間には娯楽や趣味の時間を入れて一度頭をリセットし、作業効率を元に戻すように提案します。つまり、やる気を出すのではなく、持っている「やる気」の範囲内に作業を分割することで、少しずつでも作業が進むようにコントロールするわけです（これに従って行動すると、あたかも優等生のように毎日少しずつ無難に宿題をこなしていくことになります。これも感覚に従って行動してしまうと長期的には損をする、というパターンの一つですね）。

モチベーションという圧迫

「モチベーションが高い」という言い方をときおり聞きます。これはたいてい褒め言葉なのですが、このモチベーションという言葉からなんとなくネガティブな圧迫感を受ける人がいます。モチベーションが高くない、むしろ低い、実際はわからないがそう思っている人たちです。私もそうです。しかし、モチベーションというのは比較の問題であって、絶対値で比べられるものではありません。

プロスポーツの選手に対してよくモチベーションが高いという言葉が使われますが、あくまでプロスポーツ選手の中での話であって、モチベーションが低いと言われてしまう選手でも、たいていは我々が日常過ごしているよりはずっと厳しいトレーニングを積み、結果を残してきているわけです。高いと言われる所以は結果です。または、本人たちがそういう結果を残すために強い意志、やる気が必要という意識があるのかもしれません。

やる気がなくてもやることはできる

しかし、そういう世界と比較して、何かをなす人間にはとても強い意志があり、自分ではそこまではできない、そこまで到達する自分が想像できない、だからスタートを切れず何もしない……という状態になるのは避けたいですよね。それには、「やる気のある自分」になろうとするのではなく、「やる気がないなりに何ができるか」を見つけることです。

目標をどこまで細分化すれば手がつけられるか、どの程度なら楽に持続するかという、自分の最小の力でできる行動を、あまりがんばらず深く考えたりもせずにぼんやりと見つけられればよいのではないかと思います。

4.5 神プレイはできなくてもいい

「誰でも神プレイできるシューティングゲーム」を作ったときには、この仕組みをいろいろなゲームに導入して、ゲームが下手な私でも自分が望むようなプレイができるようになるといいなと思いました。しかし、考えてみれば、ゲーム開発の分野では世界中で非常に優秀な開発者が高いモチベーションでプレイヤーを楽しませるための仕組みを全力で開発しており、特に「誰でも神プレイできる」シリーズのような仕組みを入れなくても、ゲームが下手な人から上手な人まで楽しめるようなコンテンツをしっかり構築しています。

昨今のゲームはグラフィックの密度が上がり、リアルな表現にあふれているため難しそうと勘違いされがちですが、実際は昔のシンプルなゲームよりもずっと簡単でプレイしやすくなっています。むしろ、昔のゲームは今やってもかなり難しく、シンプルなだけにできることも少なく、プレイヤーの逃げ道があまりありません。「誰でも神プレイ〜」は昔風のゲームにこそ有用と言えます。

では、「誰でも神プレイできる」ゲームシステムの研究はムダだったのでしょうか？

現実の中にルールを作る

ゲームというのは、生活の中に必要がない、役に立たないコンテンツですから、モチベーションを生み出し維持させるために、さまざまな技術が使われています。しかし、それらの知見はゲームに役立つだけでなく、我々の日常の中で行動を起こし、それを持続するためにも大いに有用です。

実際、今回挙げたものの他に、ゲームデザインの知見を使った大小さまざまな仕掛けを研究の中で作ってきました。たとえば、「集団で焼肉屋に行ったときに安く済ませるルール」「飲み会で教員と学生の支払い格差を楽しくするルール」「学会で知らない人同士が交流するために全員でプレイするゲーム」「スポーツが苦手だった大学教授が世界一上手にプレイできる競技」などです。

集団で焼肉屋に行ったときに安く済ませるルール

「みんなで焼き肉を食べる」という行為は、食欲とコミュニケーションを同時に満たせて楽しいですよね。しかし、私はそんなところでもモヤモヤすることがあります。それは、最適な量を注文できていないという問題です。少ない場合は追加で注文すればいいのであまり問題ありませんが、多い場合は最後にがんばってみんなで残りを片付けるか、食べていない肉を残してしまうということになります。

そこで、私は簡単なルールを作ってみました。それは、

・他の人の注文は考えずに一人一品ずつ食べたいものを頼む
・頼んだものを食べ終わったらまた一人一品ずつ頼む

というものです。このルールを適用したところ、七回試行してすべて実際にちょうどよい量が頼まれ、会計もやや安く済み、特に満足度に対する不満は出ませんでした。

なぜそうなるのかという理由については、あくまで仮説ですが、焼き肉など集団で注文する形式のお店では、参加者それぞれ、みんなが食べたいものが何か様子を見ながら提案していくため、必ずまず定番のものが頼まれます。焼き肉で言えばカルビ、ハラミ、タンなどです。その後、やっと敷居が下がって、それぞれ食べたいものを注文していくという

流れになりがちです。しかし「他人を気にしない」というルールを作ると、定番を頼むという意識が排除され、食べたいものから順に注文していくことになります。また、みんなが食べたいと思うようなものは複数注文されて量が確保できます。

こういう実験をしている、というバイアスがかかっている可能性があるため、常に一定量の効果があるかはやや疑問がありますが、私はこれを試していい感触を得てからはずっと居酒屋や焼き肉屋などで「何も考えずに一人一品頼みましょう」という提案をするようにしています。互いの顔色をうかがう時間がなくなり、たいへん快適です。

支払い格差を楽しくする

学生時代、先輩におごってもらったという経験はみなさんお持ちだと思います。いま考えてみれば、大学四年生が一年生よりたくさんお金を持っているというわけでもないので、なかなか大変だったのだろうと思います。私は職業柄、学生さんと行動することが多いのですが、たとえば発表や展示の後で打ち上げ的に飲み屋やレストランに入ると雰囲気的に私は学生さんよりは多めに出して学生さんの負担を減らさざるを得ない、という立場になるわけです。この場合、私は研究室のボスと若手の間くらい、もしくは教授と准教授の間くらいの支払いをする、というのがパターンです。

しかし、せっかく少し多めに払うのだから何かメリットを得られないかと思って考えたのが「ギラギラチケット」です。ギラギラチケットは、ＨＣＩ（ヒューマン・コンピュータ・インタラクション）分野の若手からベテランまでが集まる「ギラギラ忘年会」というイベントのために作られました。なお、タイトルに反してあまり野望を持ってギラギラしているような参加者はおらず、そういう方が来ると敬遠されるというところにＨＣＩジャンルのシャイ性を感じます。

それはさておき、二〇一五年のギラギラ忘年会は参加費を完全一律にしました。学生も教員も社会人も価格は同じです。ギラギラチケットは予約制で別途売り出されました。内容と価格は、次のようになっています。

・座席指定券：千円
・～と隣になりたい：千円
・～の隣を避けたい：千円
・全員の前で幹事に他己紹介をしてもらう：千円
・幹事に今後の研究の方向性について相談に乗ってもらう：千円
・テーブルに名前をつける：二千円
・四分のショートプレゼンをする：三千円

・乾杯のあいさつをする：三千円
・〆のあいさつをする：三千円
・飲み会の副題をつける：五千円
・来年の幹事を回避する：五千円

実際、通常はこちらがお金を払ってプレゼンしてもらうようなベテラン研究者の方々が、喜んで自らお金を払ってライトニングトークをしてくれ、幹事が恐縮しながら頼んでいた乾杯や〆の挨拶も自主的に、しかもお金を払ってやってくれるという状態になり、集まったお金は忘年会だけでは使い切れず、二次会にも使われました。

これは「消極的な人のための」デザインではありませんが、積極的な人に楽しくお金を払わせるという意味では効果的です。飲み会でこういった試みをするという「粋」を圧力に使っているわけですね。消極的な我々は、その積極的な方々の払ってくれたチケット代の恩恵にあずかるというわけです。そういう点では、「みんなが得をするデザイン」とも言えましょう。

ルールと環境は勝者を変える

消極性という話とは少し離れますが、私はスポーツのデザインなどもしています。二〇二〇年の東京オリンピックに向けて、テクノロジーの力を使い、いつでもどこでも誰でも楽しめる人機一体のスポーツを創造する「超人スポーツ」という取り組みがあります。

私はその活動の中で「運動神経が悪い、スポーツが苦手という人が世界一になれるようなスポーツもデザイン可能」と発言したことがあります。具体的には、超人スポーツの提唱者の一人である東京大学の稲見昌彦先生に向けた言葉で、稲見先生は日頃から運動が嫌い、スポーツが嫌いと公言しておられます。

そこで私は「Hover Crosse」という新しい競技を作りました。Hover Crosseはハンズ

図9 Hover Crosse

フリーの電動二輪スクーターに乗り、先攻後攻に分かれてスティックの先に入った二つのボールを三つのゴールにシュートするという競技です(図9)。

Hovertrax や Ninebot mini などのハンズフリーの電動二輪スクーターは、コンピュータ制御で自動的にバランスを取ってくれるため、自分でバランスを取ろうとせずに身を委ねる必要があります。一見、こういったものを乗りこなすには運動神経が必要と思ってしまうのですが、先にお名前を挙げた稲見先生はこの電動二輪スクーターを見事に乗りこなすのです。

何度かテストプレイを重ねた末に、稲見先生にこの競技をプレイしていただいたところ、稲見先生は運動神経の良い学生をものともせず、圧倒的な強さを誇ることになりました。攻撃をすればわずかな体重移動で急なストップ&ゴー、左右へのフェイントを繰り出す。守備にまわれば相手のフェイントに一切まどわされず、落ち着いてボールをたたき落とし得点を封じるという具合です。

技術の発展などにより、苦手と思っていたことがうまくできるようになったり、それまで不得意だったジャンルが急に得意になったり、といったことはこれからいくらでも起こり得ます。なのでみなさん、消極的にならずにどんどん新しいことにチャレンジしていきましょう！　と、いうのはこの本の主旨からまったく外れますが、さまざまなゲームデザイン、ひいてはルールとゴールのデザインをしていると、自分の思う得意不得意や上手下手というのは、与えられたルールや環境次第なのだなということがよくわかります。

自分の環境は自分でデザインする

「誰でも神プレイできる」シリーズを研究しておもしろかったのは、人間は自分自身のことをあまりよくわかっていない、結果のフィードバックを受けないと自分がどうだったかもわからない、というところです。つまり、結果の返し方によって人のふるまいは変わるのです。ただ、そこを突き詰めると、その先に待っているのはシステムに操られる世界となりかねません。

そこで私がたどり着いたのは、問題に対して一つひとつ、それを解決するようなミニマムなシステムを作っていくことではなく、問題を解決するというプロセスを通じて人間の、自分自身の性質を理解できるような一つの体験こそが、多くの人の幸福につながるのではないかという結論です。

何事にもポジティブになれなくても、いつも最大限の努力ができなくても、自分の持っている最低限のやる気、そして「楽にできること」で、それなりの結果が残せれば、次はもう少しだけがんばってみようと思えるかもしれません。そんなきっかけとなるシステムやコンテンツをできるだけがんばらずに楽しく作っていく、それが私の研究に対するモチベーションなのです。

SHY HACK Before/After 早見表

◆ハック前

・技能に合わせて楽しめるゲームの難易度を選ばされるデザイン
・誰かの作ったルールの中で生きるデザイン

◆ハック後

・技能に合わせてゲームの難易度が作られ常に楽しめるデザイン
・ストレスなく生きる方法を共有して生きるデザイン

シャイ子とレイ子・#4

えー、キモい！ Facebookとかでたくさんの人からおめでとうってメッセージもらえて誕生日って楽しいじゃない？

そう公言してはばからないレイ子ちゃんのために、心はこもってなくてもお誕生日おめでとうのメッセージを書いてくれる程度にあなたのお友達は優しいか暇なのだと思うわ。でも、そのくらいで喜べるのならbotが自動的に書き込んだおめでとうメッセージでもレイ子ちゃんは嬉しいのではないかしら？

いいの。誕生日で気分が高揚した朝にFacebookを開くとたくさんのおめでとうが飛び込んでくる、という体験そのものを求めているのよ！

そんなレイ子ちゃんに「誰でも神プレイできる」シリーズはぴったりかも

しれないわね。

えー？　でもゲームは自分の実力でプレイしてなんぼでしょ！

なんでそこで急にガチゲーマー思想なのかしら……。

ゲームって何の役にも立たないけど、社会的地位やいろいろなしがらみから解放されて、ひたすら自分の道を究めるみたいなストイックなところあるじゃないですか！

なるほど、レイ子ちゃんはゲームが上手なのね。だから自分の承認欲求が満たされる世界を壊されたくないんでしょう？　でも、それはそれでいいの。ただ、私のように現実から逃避してゲームをしても下手なのでのめり込めない、みたいな人間に逃げ場を残して欲しいの……。

いじめっ子みたいに言わないで！　でも、わかるわ。いくら高得点を出しても世界ランキングを見れば上には上がいる、としか思えないもん。

そういうわけで、私には自分より下の人が必要なの！　だからシャイ子ちゃん一緒にゲームやろうよ！

きっとゲームの世界では、レイ子ちゃんのようなプレイヤーを満足させるために良い感じで負けてくれるAIが活躍するわね。

そこで人の作ったルールは捨てて、自分のルールで自分らしく生きていこう、とかポジティブな結論にならないのがシャイ子らしいわ。

別室にて。

おっと、シャイ子さん、いいところに気づきおったわ。ワシら人間は人を褒めるにもけっこう気を遣うが、プログラムにはそういった精神的疲労はないじゃろう。いずれ適切に個人を褒め、励ましてくれるＡＩがゲームばかりかスマートフォンを通じて現実世界に影響を及ぼすようになるじゃろう。ここで独り言をしゃべっておるワシも実は……おっとこれ以上は言えませんな、ふぉっふぉっふぉ。だがこれだけは考えておくといいですぞ。今、あなたはどんなルールの下で生きていますかの？

第5章

モチベーションのインタラクションデザイン

渡邊恵太

5.1 人は基本的に消極的である

私たちは生活の中で「ついでに」ということをよくやります。帰るついでにコンビニに寄る、トイレのついでに冷蔵庫の飲み物をとる。そればかりか、他人のついでに、便乗してやってもらうなんていうヒドイ(笑)こともします。部屋のレイアウトも、よく考えてみると「ついでに」使うものを隣に置いていたり、引き出しに一緒にしまっていたりします。分類的には一緒ではないものや一緒にあることがおかしいものでも、行動上の「ついでに使う」という理由で近くに置いてある、なんてことがあります。こうした「ついで」行為は、人の消極的性質です。部屋のものが散らかるのもまた、人の消極的な性質(片付けることが面倒臭い、など)によって、そのままになります。

本章では、こうした人の日常生活における「面倒臭さ」「物を使うこと」という観点から人の消極性について考えていきます。この章でとても大事なことは、「人は基本的に消極的である」という立場であって、やる気を出そうとか、行動をかき立てて問題を解決しようという話ではないことです。「人は消極的だからこそ、施さなければならない仕組みやデザインがある」という話です。

本章は、特にインタフェースデザインやインタラクションデザインの観点からこれらの対象について考えていきます。一般の人にとってはきっと家電や道具のとらえ方、暮らし方のヒントになると思いますし、エンジニアやデザイナーの人にとっては設計のヒントになると思っています。

それでは、「インタフェースデザイン」ということをよく知らない人のためにも、まずはインタフェースデザインの歴史を少し振り返りながら、家電機器の機能がどのように追加され、今何が必要となってきているのか、設計方法／方針の変化を見ていくことにしましょう。

5.2 インタフェースデザインとは

インタフェースデザインという分野があります。

インタフェースデザインは、人のために機械やコンピュータを使いやすく（人がミスしないように、迷わないように）、わかりやすくするための、「操作のデザイン」です。

家電機器の操作パネルをはじめ、コンピュータやスマートフォンのアプリの画面デザインなど、インターフェイスデザインは今日重要な分野となっています。「デザイン」というと、見た目の美しさやかっこよさと考える人もいるかもしれませんが、それはグラフィックデザインという分野になり、インタフェースデザインは、工学や心理学なども背景にある複合的な分野です。

「使いやすい」はなぜ重要なのか？（ちょっと歴史の話）

道具や機械の発展により、人だけでは得られないような力や情報の処理能力を得られるようになりました。その一方で、操作の原因と結果の関係が複雑化してしまいました。単純な道具、たとえばハンマーや鉛筆などの使い方は比較的シンプルで、物理法則にも従い、作用と結果はわかりやすいものです。しかし道具が機械化や電気化することで、ボタンやレバー、タッチパネルなどの操作になり、どこをどうすると何が起こるかの因果関係は設計次第となり、物理法則ともまったく関係しなくなりました。たとえば家庭やオフィスの照明でも、壁に設置されたスイッチと天井の照明の配置の関係は自由です。そのため、目的の場所の照明をつけるのに間違えてしまうこともあります。

こうした「どこをどうしたら、どうなるのか」という関係性で一番複雑なのがコンピュータです。コンピュータの機能はすべてプログラムによって書かれています。しかも機能は自由に作れます。さらに設計者が、それらの機能をどのようにユーザーに提供するかについても自由です。機能の意味や名前の付け方も自由です。何も制約がないと言ってもいいくらいです。

自由は大変

自由なことはいっけん良さそうですが、自由な分、適切な設計が求められます。よく考えて作らなければ使いにくいものになってしまいます。いかに難しいかは、現在みなさんが使っている情報機器を思い返してみるとわかるかと思います。

たとえば、ウェブやスマートフォンのアプリはさまざまな開発者やデザイナーによって作られていますが、きっとみなさんはこれまでに「アプリのプロフィール写真を変えたいのに、どうやってすればいいかわからない」とか「位置情報取得の設定をＯＦＦにしたいのにどこにその設定があるのかわからない」などの体験をしたことがあるのではないかと思います。しかも、そういった設定がそもそもないのに、先入観できっとできると思って探していた、なんてことだって起こり得るわけです。

設計者にはさまざまな人がいますから、そういった機能の配置や名前などはアプリやサービスによって変わっていることもあります。設計者の中には、こだわり抜いた独自の世界観でアプリやサービスを提供する人もたまにいます。

ガイドラインで共通化

しかし、ユーザーからしてみれば、同じような機能はどのアプリやサービスであってもできるだけ同じ名前であってほしいし、どこに何があるかの関係性がすぐにわかる状態が望まれます。

そこで、AppleはMacintoshを開発した際に、アプリ開発者向けに、アプリ内で使う用語や見た目などをユーザーの視点からわかりやすく統一することが大事だとして、「アップル・ヒューマン・インタフェース・ガイドライン」[※1]という書籍のようなガイドラインを提供しました。

こうしたガイドラインによって、設計者はこういった機能にはこういう名前をつければいいと判断できるようになり、デザインがしやすくなったのです。ユーザーにとっても、ガイドラインによって、設計者は違ってもアプリ内の用語や見た目の統一が担保されることになります。

家電はバラバラ

さて、それに比べてガイドラインがないものも私たちの身のまわりにはあります。それは家電類です。

家電類は、たとえば同じテレビというものであっても、メーカーによって機能の名称が違ったり設定メニューの構造が違ったりすることがほとんどです。また、炊飯器や電子レンジ、洗濯機なども、できることはほとんど同じであるにもかかわらず、操作方法が違うことがあります。

しかし、家電の歴史ではほとんどの場合、それは大きな問題ではありませんでした。それはコンピュータほど何でもできる装置ではないためです。また、家電には個別の物理的な制約がありますから、できることは比較的わかりやすいのです。しかし、家電の発展にはまず別のことが問題になりました。それは使いやすさよりも、機能が重視されたということです。

機能の時代：機能を売り込むメーカー、機能で製品を選ぶ人

私たちは家電などを買う際に「機能性」、特にあらゆる機能が付いていることをパンフレットや広告を見て「良さそう」と判断します。メーカー側は機能を特徴づけて他社との差別化を行います。

戦後から発展してきた家電の数々は機能性にフォーカスしてきました。各メーカーは新しい「できる」を次々と製品の中に組み込んでいったのです。ですから「多機能」ということが技術屋としてのメーカーの目標であり、また消費者も多機能であるほど、良い製品であるということが認識として一致していた時期があったのだと思います。

ところが、一九八〇年代〜九〇年代になると、さまざまな家電は生活にあふれてコモディティ化します。機能面で差別化が図れないとなると、使いやすさを売りにした製品が現れ始めます。こうして、使いやすさにフォーカスした製品設計の積み重ねが進み、家電でも、あるメーカーの製品を使っていれば、同じような使い勝手で一定の使いやすさが得られるようになっていきました。

しかし、です。それでも売れない状況へ時代は突入していきます。そうなると差別化は、一つは見た目の美しさへと進みました。昔では信じられないほど家電はカラーバリエーションがあって当たり前になっています。また、一方で謎機能の付加も多く、たとえばマイナスイオンなども一時期話題になりました。

もう一つは、新機能への挑戦です。フラグシップモデルと称して、実験的な機能が導入されていきます。ただ、やはり中国製品などの低価格で十分な機能を備えた製品があふれる中では、こうしたフラグシップモデルは高価過ぎることもあり、売れない状況がやってきます。

多機能の限界

「新機能こそ、売るための最大の価値」と思って家電や技術は発展してきました。しかし、そうした中で消費者も開発者もあることに気づきます。それは、多機能であっても、それらの機能がすべて使われることはない、ということです。しかも、多機能になると使いにくくなります。なぜなら、ある機能へアクセスするためのステップが複雑になるからです。したがって、多機能になるほど使いにくくなっていくのです。

それに加えて不満も増えます。機能の中には、ある人にとっては必要で、ある人にとっては不要ということもあります。そのため、こんな機能いらないから安くして欲しいという声も生まれます。

このように、機能付加による発展は技術的にも消費者的にも見直すべき時期となっていきました。良い意味では家電の機能の成熟と普及ですが、悪い意味では機能中心での売り方の限界です。それまでの時代のように、機能がたくさん盛り込まれた家電の導入が生活を豊かにするという感覚は徐々に薄れていきます。つまり、家電を買うことに対する積極性やモチベーションは失われ、家電を買うことに対しては消極的な状態となっているわけです。

ですからメーカーは、そういう消極的な状態に対して家電の設計を考えていかなければならない状況になっています。

見落としてきた「機能があること≠機能すること」

それでは、一体どのようにして家電をはじめとしたさまざまな機器に価値を提供すればよいのでしょうか？　私たちに価値を提供しているのは「機能」ではないのでしょうか。

私たちは、買うときはカタログを見ながら、こんなに機能がある、これは良さそうだなどと判断します。一方で購入後はどうでしょうか。多機能な製品であっても、洗濯機は洗濯の基本機能しか使わないし、電子レンジもほぼ基本機能しか使わないということはないでしょうか。テレビもさまざまな機能がありますが、やはり実際はほぼテレビを見る、せいぜい録画する程度ではないでしょうか。あんなにカタログにあった機能たちはどうなったのでしょう。

機能があっても使わない

ここであることに気づきます。「機能があっても使わない」ということです。つまるところ、「機能があること」と「機能すること」はイコールではないのです。

どんなに優れた機能が付与されていても、それが人によって使われなければ機能しないのです。機能にもよりますが、かなりの機能は、人が実行しなければ「機能しない（実行されない)」のです。つまり、「機能がある」ことと「機能する」ことはまったく違うのです。

製品を主語にする、カタログを軸にすれば、機能があることはとても重要ですが、人を主語にする、人の生活を軸とすれば、機能があるものが置いてあっても意味はありません。それが生活で機能するということがとても重要です。これは当然のことなのですが、見落としがちです。

多機能ということは、メーカーはカタログで魅力的に見せることができますし、その製品が気になっている人には他の製品ではなくそれを選ぶ理由になります。意思決定を支えてくれます。機能があるということは、使う場面以外でメリットがあるのです。しかし、それは真の意味での製品価値ではないということが問題です。

「機能がある」から「する／やる」への落し込み設計へ

「機能がある」ことではなく、機能「する」ことが大切です。そのためにはどうするか。それには、製品にある機能を、人間の「する／やる」に落とすことが大事です。インタフェースデザインはこのために重要なのです。

これまで、インタフェースデザインの範囲は、使っている最中の使いやすさということにフォーカスされがちでした。たとえば、見やすい画面のデザイン、わかりやすいアイコン、画面で迷子になりにくい設計などです。総じて「使いやすさ」のデザインです。これがインタフェースデザインであることは間違いありません。

では、「使いやすい」ことの本質は何でしょうか？　なぜ、「人間にとって」使いやすいことを意識する必要があるのでしょうか。

動詞で考える

「使いやすい」という言葉は何気なく使っていますが、この目的を追求すると、人間の「する／やる」という行為への落とし込みが本質であることが見えてきます。「使いやすい」という言葉を分解してみると、「使う」と「やすい」になります。使うというのは道具に対する行為であり、動詞です。動詞を一般化すれば「する、やる」です。そこに、簡単であるとか手間のかからないという「やすい」が連結します。

つまり、道具や機械に対する使いやすさというのは、本質的には機能の行為化なのです。きちんと行為化できるかどうかが、その製品が「生活の一連の行為」に入り込めるかにかかってきます。生活、あるいは人というのは行為の連続体だからです。そして行為は一生涯続きます。そこに製品がうまく入り込むには、人の行為の連続体にうまく組み込まれる必要があるのです。うまく人の行為に組み込まれる製品は使いやすいものであり、人々の生活を自然にアップデートしてくれます。完全に日常化することによって、知的レベル、文化レベルが上がるのです。

インタフェースデザインとインタラクションデザイン

こうした行為について考えることは、インタフェースデザインの範囲を少し超えます。もちろんインタフェースデザインでも、「行為をどうするか」という観点は設計上必要になりますから、考えはします。しかし、それ以上に行為について考える分野がありますそれがインタラクションデザインです。

インタフェースデザインが操作のデザインということを最初にお話しましたが、インタラクションデザインは、端的に言えば行為のデザインです。どういう行為で対象と人が関わるのかを決めるのがインタラクションデザインとなります。ですから、インタラクションデザインというのは、「する／やる」ということ、つまり行為を考えることに他なりません。機能へのアクセスのしやすさから、生活の中でそれが機能することを考えると、インタラクションデザインの発想が重要になってきます。

そして、インタラクションデザインにおいては重要な設計使命があります。それが人のモチベーションの設計です。

5.3 「する、やる」の「やすさ」の設計＝モチベーションの設計

私たちは本当にやりたいことは、誰に言われなくても、自らやります。しかし少し面倒なことになると、なかなか動けないものです。私たちの生活はあらゆる家具や道具、機械に囲まれて、それらを利用していますから、少しでも面倒であると使おうとしません。仮に使い始めれば便利なものであっても、その使いはじめるという第一歩の障壁は意外にも大きいのです。

部屋が散らかる理由もモチベーション

ちょっとしたことであっても、面倒であると感じることは多々あります。たとえば、歯を磨きながら水道の水を出しっぱなしにしてしまう人。ただ止めればいいだけであっても、またすぐに使うという理由からか、出しっぱなしにしてしまう人もいるでしょう。

部屋が散らかる理由も同じです。使うときは必要性からモチベーションが高いわけですが、使い終わって目的を達成してしまうと、その瞬間にそれを元の場所に戻すことには何のモチベーションもありません。だから、片付けるのが億劫になるわけです。部屋が散らかるのはエントロピーの増大だ、なんていう理系のジョークがありますが、これはモチベー

ションの不可逆性から起こると考えられるわけです。

　また、「やる気はやり始めないと出ない」、なんていう言葉がありますが、やる気の障壁は最初のステップにあります。つまり行為の切り替えがうまくいけば、そのあとは比較的スムーズにいくのです。

行為の接続

　人は一連の行為の流れの変更点に、接続が切り替わるところに、億劫さや面倒さを感じます。その行為のほとんどは、ものと関わることである結果や状態を生じさせます。だからこそ、もののデザインはとても重要になってきます。そして、このある行為からある行為への切り替え、接続がしやすい製品こそが、生活者のモチベーションを維持し、行為を継続し、「やる／する化」を実現します。このとき初めて、製品の機能は実行され、人々の日常生活に融け込み、習慣化されます。こうして人の生活を変える（変わる）のです。これが製品の持つ価値です。

使う最中のデザインから、使う前後のデザインへ

　このためのデザインに重要なのは「使いやすさ」だけではありません。つまり、冒頭で

紹介した使いやすさのデザインは画面の中やレイアウトの話で、行為の切り替え、接続が終わったあとの話です。

たとえば、スマートフォンの画面の使いやすさは使っているときに大事な設計ですが、そのときすでにスマートフォンを手に持っているわけです。この「すでに持っている状態」は、なんらかの行為からの切り替えがあったということです。そこの切り替えが行為の接続なわけですが、この切り替えは驚くほど私たちの意識に登ってきません。私たちのものと関わる行為の多くは無意識に行われています。今、本書を読んでいるあなたの状態は、いつからそのような状態かと振り返ってみてもなかなかわからないもので、不思議な体験です。

さて、この行為の切り替え、接続がポイントになるわけですが、いったいどのような設計が考えられるでしょうか。

アプローチャビリティ：「使いやすさ」から「使おうとしやすさ」へ

私たちは普段何かするとき、たとえば掃除をするときに、掃除機をかけようと思うわけです。そのときに掃除機がクローゼットや押入れなどの奥にしまってあったら、まず「クローゼットを開けて、取り出す」作業が掃除の前に発生します。

掃除機は掃除して汚れを除去するためのものですから、あまり綺麗なイメージがありません。ですから掃除機をクローゼットにしまったり、生活上目立たないところに設置することは自然の発想です。

しかし、仮にどんなにすばらしい吸引力や使い勝手の良い機能を持った掃除機であっても、収納によって掃除の頻度が下がってしまっては、その機能の意味がありません。部屋は一定の時間が経過すればホコリなどで汚れていくわけですから、吸引力の機能性ではなく、掃除頻度のほうが大切になってきます。

つまり、そういった場所に置かれる傾向がある掃除機は「使おうとしにくい」のです。機能以前の話です。ではどうすべきかというと、使いやすさという点ではなく「使おうとしやすさ」をどう実現していくか、が論点になります。こうした「使おうとしやすさ」を、アプローチのしやすさという意味で「アプローチャビリティ」と呼んでいます。

アプローチャビリティという言葉は使ってはいないものの、実際こういった課題に取り組んだ製品はいくつかあります。さて、いったいどうやって、アプローチャビリティ、アプローチャブルであることを実現したのでしょうか。

見た目の良さも機能だった

三菱電機の「iNSTICK（インステック）」という掃除機があります。「使おうとしやすい」がデザインされていることが、キャッチコピーからもわかります。

気づいた人が、サッとすぐにお掃除機に見えないスタイリッシュなデザインだから、リビングに出しておけて、いつでも使いたいときにサッと使える。もう面倒な掃除機の出し入れはありません。

http://www.mitsubishielectric.co.jp/cleaner/home/product/instick/

設計のポイントは「スタイリッシュ」であることです。つまり、見た目の良さをこだわることによって、身近にあっても嫌ではないようなものにしたわけです。見た目は好みの問題もあるとはいえ、スタイリングにこだわることの最大の価値は、人の生活の「身近に置いておける」ことと言えます。したがって、その点ではスタイリングも機能と言えるわけ

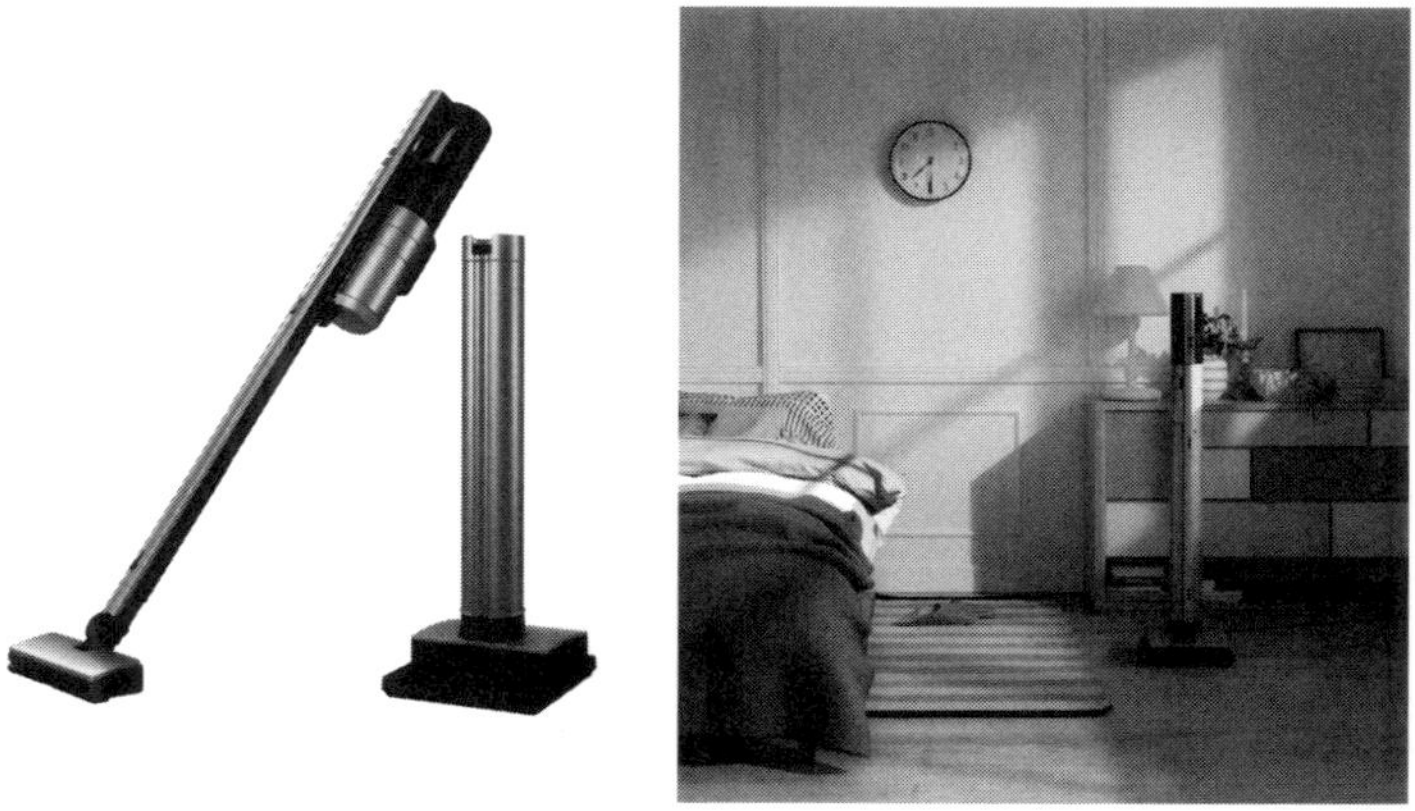

図1 iNSTICK（インステック）、三菱電機（提供：三菱電機）

です。しかも、スタイリングや大きさ、形によって、生活空間のどこに置いてもらえるかも変わってきます。

生活空間を土地にたとえるならば、目的に応じてとはいえ、一等地的な場所があると思います。たとえば、リビングは長い時間いるため、一等地となるほうでしょう。その一等地に置かれることを目指すにはどうしたらいいかが、使おうとしやすさにつながります

任天堂 Wiiリモコン

二〇〇五年に「Wii」（コードネームはRevolution）が発表されました。このとき任天堂の岩田聡社長（当時）は、これまでのゲームコントローラーはボタンの数が増えて、複雑そうに見え、これは難しそうだと、ゲームから逃げてしまう人がいると述べ、ゲーム人口の拡大の障壁になっていると考えていました。

岩田社長は、次のようにゲームコントローラーの現状について説明しました。ゲームコントローラーをさわろうとする人と、さわろうとしない人がはっきりと分かれてしまっている。テレビのリモコンは誰でもさわるが、ゲームコントローラーはゲームをしない人はさわろうとしない。両手で握って、左右の手を器用に動かして操作することに恐怖心を感じ、食わず嫌いのような心理が感じてしまっているのではないか、というのです。そして、ゲーム人口拡大のためには、テレビのリモコンのように、ゲームコントローラーをいつも

テーブルの上に置いて、家族の誰もが自分に関係のあるものとしてさわってもらえるようにしたいと、

・コンパクトにする
・片手で使えるようにする
・直感的に誰もが同じスタートラインになる

という点にこだわりました。これにより、誰もが自分に関係のあるものだと思ってもらえるようにしたのです。

岩田：ああ、それだけは私、妙に頑固でしたね。
だって、家ではテレビのリモコンというのはたいてい手の届く位置にふつうに転がっていて、みんながふつうに手にとって操作するじゃないですか。
それと同じように扱ってほしくて、
しかも最終的に形状までそれに近くなったんですから、
これは「リモコンと呼ばれるべきだ」って強く思ってたんですよね。

「なぜテレビのリモコンは家族みんなが触るのに
ゲーム機のコントローラは触らないのか」というのは
Wiiを開発するうえでの大事なコンセプトでしたから。
だから「絶対、これはリモコンです！」と言い張りました。

社長が訊く Wii プロジェクト—Vol.2 Wii リモコン編
https://www.nintendo.co.jp/wii/topics/interview/vol2/02.html

その後、Wiiは世界で一億四万台販売され、任天堂史上最大の据え置き型ゲーム機の販売台数となり、Wiiスポーツは八千二百六十九万本、ゲームソフトウェア史上最大の販売本数を実現しました。(※2)

Wiiは身体的な操作方法に特長があるのは間違いないですが、問題意識であるゲーム人口拡大へのアプローチは、まさに使おうとしやすさ、アプローチャビリティそのものです。販売台数から考えても、Wiiはそうした日常生活におけるアプローチャビリティの設計を意識した結果、ゲーム人口を拡大したと言えます。

そして、ここにある問題意識からもわかるとおり、ゲームというエンターテイメントとして楽しむ行為であっても、人にやってもらうためにはデザインの努力が必要であるという事実です。

拙著『融けるデザイン』(※3)の中で「時間の使いにくさ」という話をしました。これは、よくできた映画やゲームなどのコンテンツであっても、それを消費することに時間がかかってしまうのでは、それを見ること、楽しむことでさえ遠慮したり、躊躇したりすることがある、ということです。人はそのメディア形式に拘束されるのです。これも、食わず嫌いの心理に近いもので、使う(消費)以前の問題です。

食わず嫌いの心理

食わず嫌いの心理というのは、食べることにたとえているわけですが、食べればおいしいかもしれないのに、それは自分にとってはおいしくないものだというネガティブな先入

図2 Wiiリモコン、任天堂

観があることです。これもやはり、行為以前、あるいは行為の接続の問題です。しかしWiiは、その問題をデザインの力で大きく変えました。つまり、これは食べられそうだ、自分が好きなものかもしれないと思わせることができたのです。

Wiiはアプローチャビリティのインタラクションデザインから成功を収めましたが、もちろん、ゲームコンテンツのデザインもそれに合わせているということもポイントです。『はじめてのWii』や『Wiiスポーツ』など、わかりやすいゲームコンテンツを導入することで、岩田社長が述べた「家族全員が自分に関係のあるものとしてさわってもらいたい」という点を実現しています。

アプローチャビリティとゲームセンター

ゲームセンターに行くとゲーム機があり、お金を入れるとゲームができるわけですが、ここで気づくことはないでしょうか？

それは、各ゲームはそれぞれデモ映像を流しているということです。つまりこのゲームはこういうゲームで、こういうことをやるゲーム、あるいは体験できるゲームだということを示しています。こうすることで通りがかりの人は興味をそそられますし、自分にとって関係がありそう、好きそうだという判断ができます。

最近は流す映像が少し広告的なものになりつつある傾向があり、変わってきていますが、多くのゲーム機では、あたかも人がやっているかのような同じ画面を出しています。それは説明ではなく、体験をイメージさせます。これもアプローチャビリティのデザインといえるでしょう。

やめやすさとアプローチャビリティ

アプローチャビリティは行為の切り替え・接続であり、使おうとしやすさであるという説明をしてきました。この発想だけだと、何かを始めるときのデザインを工夫することだと思ってしまいがちです。しかしアプローチャビリティの向上のためには、やめやすさも重要です。気軽にやめられないものは、人を拘束します。したがって、やりはじめるのに覚悟が必要なるのです。

やめにくいとやりにくい

やめやすさのデザインは、たとえばモバイル機器の設計によく適用されています。また任天堂の話ですが、任天堂はかつて「ゲームボーイ」という製品を出していました。ゲームボーイは乾電池で動いており、長時間電源を入れておくには向いていない製品でした。しかし「Nintendo DS」になると、電源ON／OFF以外に、二つ折の筐体を閉じると一時中断できるスリープモードが導入されました。ゲームボーイ時代は、RPGなどのゲームでは、セーブポイントに移動しないとデータの記録ができないというものもありました。また、敵と戦闘するゲームやパズルゲームなどのあるステージをプレイしている最中は、電源を切れば当然その戦闘やステージはなかったことになってしまいます。

ただそうなると、たとえば電車の中でプレイし、乗り換えるときに、気軽にやめられません。その他、生活の中ではあらゆる場面で、トイレに行ったり、誰かに呼び出されたり、インタラプションが入ります。このような状況で、「セーブをしてから」「戦闘をやめてから」「このステージが終わってから」となれば、生活に支障を来たしてしまいます。一度ゲームを始めてしまうと、やめるタイミングを意識しなければなりません。

やめやすいからこそやりやすい

一方で、Nintendo DSではスリープモードが導入されました。スリープモードとは、ソフトウェアの処理をすべて一時的に中断し、休止状態にすることです。これによって電力消費を下げます。Nintendo DSは折りたたみ型の筐体で、折りたたむと中断したと判断し、自動的にスリープモードになるようになっています。再度筐体を開くとスリープモードは解除され、再開する仕組みで、しかも、このスリープへの切り替えと再開は瞬時に行われ、ユーザーからみると、ただ筐体を閉じているだけの感覚でしかありません。

こうして、Nintendo DSから、いつどんなときでも気軽にスリープできるようになりました。ですから、生活の中のインタラプションに対して許容できるようになったのです。また、こうした原理はスマートフォンでも導入されており、アプリはいつでもやめられる仕組みになっています。

モバイル機器や生活のあらゆる場面で利用することが前提の製品は、はじめやすさをつくるために、やめやすさも意識されているのです。つまりアプローチャビリティは「やめやすい」、だからこそ「やりはじめやすい」というわけです。

また、「やめる」の設計は、次の人のやりやすさにつながる場合があります。たとえば、やめるときに、部屋を散らかして元の場所に戻さないとなれば、どこにいってしまったかわからなくなってしまいます。適切にやめる、つまりきちんと戻すことで、次の開始をスムーズに行うことにつながるわけです。

5.4 無印良品の哲学：「が」ではなく「で」

日用品を扱う「無印良品」というブランドがあります。国内外で展開しており、成功している日本のブランドです。

無印良品はこんなメッセージをウェブサイトで発信しています。

無印良品はブランドではありません。無印良品は個性や流行を商品にはせず、商標の人気を価格に反映させません。無印良品は地球規模の消費の未来を見とおす視点から商品を生み出してきました。それは「これがいい」「これでなくてはいけない」というような強い嗜好性を誘う商品づくりではありません。無印良品が目指しているのは「これがいい」ではなく「これでいい」という理性的な満足感をお客さまに持っていただくこと。つまり「が」ではなく「で」なのです。

しかしながら「で」にもレベルがあります。無印良品はこの「で」のレベルをできるだけ高い水準に掲げることを目指します。「が」には微かなエゴイズムや不協和が含まれますが「で」には抑制や譲歩を含んだ理性が働いています。一方で「で」の中には、あきらめや小さな不満足が含まれるかもしれません。従って「で」のレベルを上げるということは、このあきらめや小さな不満足を払拭していくことなのです。そういう「で」の次元を創造し、明晰で自信に満ちた「これでいい」を実現すること。それが無印良品のヴィジョンです。これを目標に、約5,000アイテムにのぼる商品を徹底的に磨き直し、新しい無印良品の品質を実現していきます。

http://www.muji.net/message/future.html

非常にユニークなメッセージです。通常、自社の製品を機能的にもブランド的にも強くアピールすることが多い中で、そういったものを引いてしまおうというメッセージに見えます。実際、無印良品の商品は、無印良品というブランドはあるものの、製品自体にロゴなどはなく、素材感や形状、色なども比較的シンプルといえるのが特徴です。

では、ここから学べることを少し考えてみたいと思います。

先ほどの三菱電機の掃除機は、スタイリッシュなデザインによって、部屋の中に常に置いておくことが許容されるのだと述べましたが、無印良品の場合はスタイリッシュというよりもシンプルで、無個性的です。他のブランドと比べたら、人によっては味気ないといっ

図3 無印良品のカフェオレカップ（提供：良品計画）

た印象を持つかもしれません。しかし、無印良品はそうした戦略によって成功しています。

中庸であること

ここから学べることは、「中庸」であることで生活に融け込む可能性があるということです。中庸であることで、部屋の他のものとの関係性を特別に配慮することなく、生活のどこに置いても、どう使っても調和します。もっといいお気に入りのデザインのものは、もしかしたらこの世の中にあるかもしれません。それは「探せば」見つかるかもしれません。しかし、探すのもまたコストなのです。日用品はあらゆるメーカーが多種多様な製品を出しています。その中から自分の部屋に合うものを探すのは楽しいことでもありますが、すべての日用品の選択においてじっくり選びぬくのはたいへんです。高い意思決定が要求されるわけです。

その点、無印良品は中庸であること、中庸さを演出することによって、それ自体が目立つことはなく、部屋にある他のものが主役でいられるようになるわけです。部屋のレイアウトやイメージを破綻させることなく、部屋に融け込んでいくわけです。つまり「ふつう」なデザインが、人の購入の意思決定を促進します。

そういう点で、無印良品の「が」ではなく「で」という考え方、戦略は、人の積極性と消極性のバランスをうまく突いた設計です。こうして、無印良品は生活のあらゆる場面に浸透したわけです。また、先ほど紹介した任天堂のWiiの見た目上のデザインも、この中庸さを狙っているデザインと感じます。

消極性：製品やサービスと長く付き合うための戦略

多機能とその限界、そして行為化の重要性について述べました。ただし、その行為がいかに無理せず自然にできるかが重要であることを説明しました。その観点から、アプローチャビリティという考え方を紹介しました。

モチベーションということがテーマになっていますが、モチベーションというとよく「やる気」の起こし方みたいな話になりがちです。たとえば、いかに自分の中にある意識に働きかけて行動を起こすか、のような。しかしここでのテーマは少し違います。人の消極性にフォーカスしているのです。人の消極性にフォーカスすることで「いかに人をその気にさせないでおくか」という設計要素が見えてきます。そういう意味で、消極性とは「長く付き合うための戦略」であるともいえます。ですから、製品やサービス設計にはとても親和性が高く、重要な話なのです。

二番目という位置

製品やサービスのインタラクションやインタフェースをデザインするといったとき、それは当然使っている最中の話が中心になります。しかし、ほとんどのものは使っている時間よりも使ってない時間のほうが長いのです。ですから使っているときのデザインだけではなく、使われていないときのデザインが大事になってきます。使っているときを「一番のデザイン」としましょう。問題は使い終わったときに、それがどこにいくか、どういう存在として扱われるかです。このとき、またすぐに使ってもらえるようにすることが「二番のデザイン」です。

ユーザーにとっての二番の位置にいられるデザインは、つまり一番にすぐなれるということです。これは重要なことですので、もう一度言いますが、ユーザーにとってその製品やサービスが一番になるのは短い時間なのです。ですから、その一瞬のチャンスをいかにたくさん作れるようにするか。そのチャンスを狙い続けるように設計することが、無数の製品やサービスと関わり合って暮らす人を想定するうえで大事な設計なのです。使っているとき、つまり一番のデザインはよくできていても、それ以外で五番や十番になってしまうようでは、アプローチャブルではないのです。

そして今、確実にこういったことが「デザイン」として重要な要素になってきています。

それは、コンピュータによるデジタル化が加速し、あらゆるものごとがコンピュータやインターネットと関係するようになるからです。そうなると、あとは人々の時間の奪い合いです。かつてはメディアごとに分かれていたコンテンツは、今ではスマートフォン一つで、音楽も映像も本も消費できてしまう。そうした中、人の移動や、風呂・睡眠・食事などの生活も配慮したデザインが、結果として生活に受け入れられることになるのです。

5.5 消極性を利用したデザイン戦略

最後に、消極性を利用したデザイン戦略をまとめておきます。

(1)「ついで」の原理

「ついでの原理」とは、何かの「ついで」に何かをするという、あることで駆動したあるモチベーション、行為に便乗する手法です。これは、日常的によく利用している消極性の活用です。興味深いのは、自分があることをする「ついで」のみならず、他者が何かやろうとする際に「ついで」を要求するということです。

家族が冷蔵庫に行ったのを見計らい、ついでに自分の飲み物を要求したりしたことはないでしょうか。よくよく考えてみると、わかりやすくて究極の消極性ともいえるかもしれません。友人がトイレに行くついでに自分自身もトイレに行っておく、なんていう「ついで」もあるでしょう。

こうした「ついでの原理」は特別なことではなく、すでに日常的に工夫していることはたくさんあると思います。たとえば、メールでメモやTODOを管理するという人がいます。実際私も、自分宛てにメールを書いてメモを取ることがあります。こうすることで、メールを見る「ついで」に自分でメモを見返せる、確認できることになります。別のメモ帳に書いてしまうと、それを開かなければなりませんから、メールという日々の行為の中にメモを埋め込む「ついで」行為です。Twitterをよく見ているのであれば、友人や知人だけでなくニュースサイトやお店のアカウントをフォローすれば、友人とのコミュニケーションの流れの中でニュースや買い物に関する情報を得られます。

このように「ついでの原理」は、すでに習慣化されている行為や、友人というよく知っている人物という強い社会的な関係のある人をうまく利用しているわけです。

「ついでの原理」は、私たちにとってもっとも身近な消極性を活用した、とても導入しやすいデザインです。何でも「ついで」にできたら、あるいは「ついで」にやれるようにしたら、実はあらゆることが捗るのではないでしょうか。たとえば部屋のレイアウトは、ほとんどが「ついでの原理」を利用していると言えます。よく使うもの同士は近くに置いて、「ついで」に利用できるようにします。関係するものを近くに置くことで、行為を連続化させているのです。普段私たちはこれを「使いやすくするために」近くに置いていると言っているわけですが、この「使いやすい」は、「する」「やすい」という、行為の接続を行いやすくすることを言っているわけです。

製品やサービスを設計するときに、その製品は何とついでに使われるのか。あるいはある製品が何とついでに使われているのかを分析することで、行為の接続がしやすい製品やサービスが提供でき、生活に受け入れられやすくなるヒントが得られると考えます。

（2）起動（開始）の概念をやめる

パソコンには基本的に起動と終了があります。最近でこそ起動時間は短くなりましたが、それでも数秒から数十秒かかります。また、起動したあとは使用したいソフトウェアを起動します。デスクトップにショートカットを置いている場合もあれば、メニューから探すなど、さまざまです。

こうして何かを起動させることは、人のモチベーションを要求します。ソフトウェアのほとんどはアプローチャブルではありません。ですから、起動の概念をなくす、あるいは起動しているプロセスを感じさせないような仕組みが重要です。

電化製品や機械のほとんどは起動という概念が存在していることが多く、たとえ、たかが「電源を入れるだけ」というそれだけの行為であっても、人の消極性からみれば、行為の妨げになります。一方、実世界の道具、たとえば鉛筆やハサミなどは起動という概念はありません。そこに存在しています。アプローチャブルです。行為はうまく接続していきます。

ただ携帯電話、スマートフォンについては、パソコンのソフトウェアと違い、もともと電話ということもあり、電話を待機している状態があるため、逐次起動させて使うものにはなっていません。ですから、待機モードからすぐに利用を開始できるようになっています。パソコンよりはアプローチャブルです。

また、携帯電話やスマートフォン上のソフトウェアは、できるだけ起動時間が短くなるようになっていますし、パソコンのソフトウェアよりも、いつ閉じても大丈夫なように設計する方針になっています。スマートフォンや携帯電話は、常に持ち歩く、身近なものですので、アプリやシステム全体の設計もアプローチャブルになるように心がけられているものが多いです。

Appleが販売しているAppleWatchがあります。これについても、バッテリーの消費を抑えることと、時計としての使いやすさを維持するために、うまくセンサーを使い、人が腕を上げると時間を表示する仕組みにしています。ゆっくり腕を上げたりすると表示されないなど、まだ課題もありますが、これによってアプローチャビリティを高めているといえます。

モバイルデバイスやウェアラブルデバイスは今後ますます増えたり、重要になっていくと考えられますが、このとき起動の概念をなくすこと、アプローチャビリティを考えることは、とても大切なものになっていくでしょう。

(3) 美しいこと（汚くないこと）

汚いものはできれば自分の近くには置きたくないものです。そうすると部屋の隅のほうか、クローゼットや押し入れなどにしまってしまいます。結果的に、そのもののアプローチャビリティを低下させ、行為へは至らなくなります。あるいは、それを使うためのモチベーションを要求してきます。

極端に美しいとか、高級であることまでは必要ありませんが、生活の景観になじむ美しさは、アプローチャビリティを高め、アクセス性を高めます。これも製品やサービスの大事な性能と言えるでしょう。

これまで見た目について、それが性能であるという認識や議論はされてこなかったと思います。しかしアプローチャビリティという観点を導入することで、見た目は性能の一種としてとらえられるようになるのです。

(4) やめやすいこと

やめやすいというと、モチベーションの話としては、逆のように感じてしまいます。ですが、今や人々はあらゆるものやサービスに囲まれていますから、一つのことをやり続けるという状況は少なく、むしろ多様なサービスとうまく付き合っていくことが求められます。そのとき一つのサービスがやめにくいと、他のサービスへうまく移行できません。

また、生活にも支障を来たします。生活の中に融け込むサービス、道具を実現するためにも、「やめやすい」ということは、結果的にやりやすい、気軽さを生み出します。

(5) 行為をとめない、動きの中を意識する

(1)〜(4)までの考え方をまとめるということにもなりますが、基本的なデザイン戦略は「人の行為をとめない」ということです。ものをデザインしていると、ものごとに行為、インタラクションが発生しているように感じてしまいがちですが、人の行為は連続的で生涯とまることはありません。ものとものの間にも行為があるのです。こうした一連の行為がよどみなく実行できることが大切です。

こうした発想に近いものとして「合気道」があります。書籍『禅と合気道』[※4]には、合気

道の哲学として「円の哲学」が紹介されており、そこには「心を留めないこと」の重要性が説かれています。

われわれの心は外界に適応しながら、外界に応じて限りなく移り動いていく。しかも対象が好ましいものであれば、心はそこにとどまる。心をとどめるということは、ものに心がとらわれることである。

「自由自在」という言葉があるが、自由とか自在というのは、心が対象にとらわれないことをいう。勝手気ままにということが自由ではなく、どんな対象に対しても心がとらわれないことである。

合気道では気の動きを一カ所に停滞させてはならぬ。どこまでも動いてゆかねばならぬ。技における動作は一時、静止する場合もあろうが、気はとどまることはない。気の流れが無限の流水のように流れてゆくところ、体のさばきもまた円転自在となることができる。

対象は合気道ですが、「身体と外界との関わり方」を論じていることから、インタラクションを考える上でのヒントになります。合気道は体力的にも認知的にも、無駄のないインタラクションを試行しているように見えます。しかも、合気道は動き続けることが通常で、とまることが特別であるとしていて、まさに行為の接続の効率性を考えることになっているように見えます。

こういう動きをとめない観点から、たとえば「階を上がること」を考えると、その手段（道具、ツール）には階段、エスカレーター、エレベーターとありますが、エスカレーターは行為をとめずに人の移動をサポート、強化しています。エスカレーターはただ乗るだけで、上の階へ行けますが、歩いて登ればより早くつけます（歩くのは危険となっていますが）。またエスカレーターは故障してとまってしまっても、階段として登れます。エスカレーターは、生活や人の行為に融け込む非常によくできたシステムといえます。一方エレベーターは、乗る前も、乗っている間も待ち時間も生じますし、独特の空間を作り出してしまい、乗っている人同士の距離感も極めて微妙です。階を登る方法としては、エスカレーターよりエレベーターのほうが普及しているとはいえ、インタラクションデザインから考えると、エレベーターは行為の接続としてはひっかかりがあり、エスカレーターのほうがスムーズといえます。

デジタル機器は停止すると急に役立たなくなるものが多いのですが、回路が作動せずとも意味があるような仕組みは冗長性が高く、その点で信頼性も高まると言えるでしょう。

(6)「出会う」ような体験にする

起動の概念を意識させず、行為がスムーズに接続するようになると、機械や機器という感覚はなくなり、「出会う」という感覚に変わります。「存在に持続性の感覚」を提示できるようになります。つまり「いつからあって、いつまであるのか」という起動の期間という意識から脱却できるのです。

これは見過ごされていますが非常に大切なことです。なぜなら、「存在」という性質が高まるからです。デジタル機器がバーチャルだという感覚は、起動/終了の概念がもたらす、この存在の性質の低さにあると私は考えています。映画やドラマがフィクションであるのは、はじまりと終わりが明確にあり、はじまりを見て終わりを見るからです。しかし、はじまりと終わりを体験できないことが世界体験のリアルです。私たちは誕生を体験として記憶することができず、また自身が存在しなくなることを体験できません。世界はいつからあって、いつまであるのか語り継がれることはあっても、体験不可能なのです。

世界は前もって存在しているため、我々の知覚や行為は世界を存在させるための活動をしなくてよい、いつのまにか「出会える」、消極的であっても存在しているものです。私たちは世界の持続性に対して身体を委ねるように行為する存在です。ですから、これからのますます増えるデジタル機器の設計は、まずその出会い方を意識することが人の生活に融け込むための最もベイシックなデザインとなるのです。

そして、起動ではなく出会うということは、実は私たち日本人はよく知っていることでもあります。それは「おもてなし」です。人をもてなすためには、たとえば、部屋を「あらかじめ」片付けておく必要があります。どんなに一生懸命、すばやく片付けたとしても、お客さんが来てから片付けたのでは、おもてなしになりません。はじまりを体験させてしまっては、その世界のリアリティは提供できないのです。

まとめ

本章では、機能があることから機能することの重要性について述べきました。そのためには、人の行為が肝であることを述べてきました。そして、その行為を起こすためには、モチベーションが必要になります。だからといって、そのモチベーションを人の意識に委ねることはしないことが必要という話をしました。なぜなら、「人間は基本的に消極的」というのが前提だからです。

その解決方法として、アプローチャビリティ、使おうとしやすさという、人が行為を起こすための敷居を下げる手法について述べました。

そして最後に消極性を利用したデザイン戦略を六つ紹介しました。

積極性は小学生の頃からずっと求められるような性質で、私たちは積極性のことを考える機会は多かったかもしれません。一方、消極性というのはネガティブなイメージで、それがどういう性質であるかを考える機会は少なかったといえるでしょう。しかし、人間の性質という意味では、積極性や消極性、あるいは能動的や受動的というのは、それを意識することなく、この世界に「存在」しているのです。ですから、積極性だけではなく、積極性と消極性の両方を考えることは、この世界に存在していることの仕組みであり、長く付き合うためのデザインの仕組みなのです。

※1：Appleがウェブ上で公開している「macOS Human Interface Guidelines」[https://developer.apple.com/library/content/documentation/UserExperience/Conceptual/OSXHIGuidelines/index.html] 日本語版が書籍『Human interface guidelines—The Apple desktop interface』(一九八九年)として刊行された。
※2：https://ja.wikipedia.org/wiki/Wiiより
※3：『融けるデザイン—ハード×ソフト×ネット時代の新たな設計論』、二〇一五年、ビー・エヌ・エヌ新社
※4：『禅と合気道』鎌田茂雄／清水健二著、人文書院、二〇〇三年

SHY HACK Before/After 早見表

◆ハック前

・使いやすいデザイン

◆ハック後

・使おうとしやすいデザイン

シャイ子とレイ子 #5

わ〜か〜る〜！　私、買い物も趣味も男も、ヒトメボレするわりには飽きっぽいのよね。手に入れる瞬間はステキ☆ってキュンキュンするんだけど、実際にそれが日常の一部になると、うーん、なんか違うってなっちゃう。お店のディスプレイではあんなに輝いていたのに！

私もできることならカタログショッピングみたいに男子を選り好みしたいものだわ……。そうは言ってもレイ子ちゃん、もし目の前にシンプルで無個性な雑貨や男子がいたら、これ「で」いいって思えるの？

ムリね。私が求めるのは非日常を体験させてくれるような何かよ。

非日常を求めているんだから、日常の一部にできるわけないんじゃない？

ハッ！　確かにそうね！　どうしていままで気づかなかったのかしら……。

どこかにいないかなぁ。スタイリッシュで掃除好きな普段使いイケメンでアプローチャビリティ高い人。

なんかいろいろごちゃまぜになってるような……。

ところで私、今回はちゃんと渡邉センセイの教えを日々の生活の中で振り返って、気づいたことがあるのよ。聞いてくださる？

謹んでお聞きしましょう。

ズバリ、回転寿司はマジヤヴァイ！ってことね。まず、お店に入った瞬間食べ始められる。そして食べる量が小分けになっていて、しかもいつでも食べるのをやめられる。これって実はすごく珍しいよね。

確かにそうね。早いで有名な牛丼屋さんやハンバーガー屋さんだって少しは待つことを考えると、すごく特別かも。

さ・ら・に、寿司は種類が多すぎる。選べない。だけど回転寿司は回ってきたものが欲しいか、欲しくないかの二択だから楽。もちろん食べたいものが決まっていれば直接板前さんに注文することもできちゃう。結局、ついつい食べ過ぎちゃう!! それで思ったの。エスカレーター、回転寿司、あと回転ドアとかもかな？ ずーっと動いているものに人間が合わせるような装置って、特別な力があるんじゃないかしら。

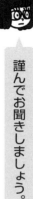

レイ子ちゃん、スゴイじゃない！　言ってることが珍しく超まとも。

ふっふっふ。ダテにお嬢様系エスカレータ式中高一貫校で人生の大切な時期のムダな苦労を省いて来ていないわ。

(-_-;)

別室にて。

ふぉっふぉっふぉ。現代社会は情報過多で機能過多。なんでもかんでも取り組もう、取り込もうとする人には試練の時代じゃのう。健康に生きるた

めに、我々は自身の肉体的限界をよくわきまえて日々の膨大な選択をしなければならんのじゃ。道具や制度を作る側の配慮はもちろん、使い手である我々も消極的な意味で工夫しなければいかん。そうそう、かの有名なスティーブ・ジョブスも瞑想を嗜んでいたそうじゃ。瞑想は宗教的な意味を離れて、個々人が自身の内にある雑念（自身に有害な情報）を排除する、極めて実用的な方法論と言われておる。情報社会のカリスマも自身の煩悩と向き合う生身の人間であったと思うと、感慨深いのう。

まとめ：シャイハックのススメ

西田健志

もっと消極的になりなさい

この本を読んだあなたの人生は、これまでとは少しずつ、しかし、確実に違ったものになりました。

まわりからの「もっと積極的になりなさい」というプレッシャーに押しつぶされそうになりながら、消極的な自分を変えなければならないと自分に言い聞かせてきたあなたは、これまで自分の心を押さえつけてきた力が少し弱くなって、身のまわりの人たちを観察し始めるような余裕を感じ始めていることでしょう。きっとあなたは一人ひとりの相手とじっくりと向き合いたかったり、ちょっと人より深く物事を考えたりしているだけで、何も責められるようなことはありません。むしろ、そのような生き方やコミュニケーションの仕方は理想的なものとして語られてもいいくらいです。

そして、そのような消極的だと思われてきた人たちでも、ニコニコ動画のようなコミュニケーションの環境さえ整えば、消極的ならでは、の文化を生み出し、多くの人とともに作品を作り上げる創造性を発揮することもあるのです。無理に積極的にならなくても活躍できる道があるということを知っているだけでも少し活力が湧いてきますよね。

これまで積極的にイベント準備を買って出てきたというあなたは、これからも今までと変わらずジェスチャーゲームのような企画をするかもしれませんが、そのとき今までにはなかったチクッとした胸の痛みを感じずにはいられないはずです。その心の痛みを知ったあなたはこれから、あなたの周りの人たちが密かに抱えてきた痛みを少しずつ和らげてくれることでしょう。長い人生を通じて築き上げてきた、みんなの盛り上げ役としてのプライドは少し傷ついてしまったかもしれませんが、引き換えに得たものにはそれだけの価値があります。

これまで「もっとやる気を出しなさい」と言われ続けても何かと三日坊主になりがちだったのに、ゲームならすぐハマってしまっていくらでも遊んでしまうあなたは、出ないやる気を無理に出そうとするのではなく、日々の面倒なこともゲームみたいにハマれるように工夫してみようとワクワクし始めていることでしょう。きっとあなたは、人と比べて特別やる気がない人というわけではなく、マンガキャラの燃え盛る炎のようなやる気がいつか出るはずという幻想に囚われてしまっていただけなのです。そもそも自分ではどうしようもできない不確定要素によって出たり出なかったりする「やる気」などというものに期待しすぎることは、ギャンブルに興じているようなものです。

身近に置いておくものや身のまわりに起きることに少しずつ工夫や仕掛けを入れていくことで、無理なく、楽しんでいるうちにやるべきことをやれているという理想を追いかける私たちの背中を、みなさんにもゆっくりとついてきてほしいと願っています。私たちは何も苦労をするために生まれてきたわけではありません。どうせ苦労するなら、世の中の苦労を減らすための苦労をしようではありませんか。

企業が製品をデザインするときにも、できるだけ多くの機能を盛り込むのではなく、日々の生活の中でやる気なんか出さなくても自然に使い始められるかどうかを重視するようになっていることも知りました。私たちの日々には、もともとできることもやるべきことも山のようにあふれていて、どれだけ積極的な人であっても、そのすべてはできません。よほど簡単にできることしかしない、というような消極的な人の視点からものごとを見る人が増えれば、みんなの積極性が無駄に浪費されてしまうことは少なくなり、もっと充実した日々を送ることができるようになるでしょう。

「もっと消極的になりなさい」

消極的な人たちにも、積極的な人たちにも、私たちはそう語りかけます。この本を手に取り、ここまで読み進めてきたあなたは、それだけでも十分に積極的です。あとは、あなた自身のためにも、あなたのまわりのみんなのためにも、消極性と向き合うことです。

環境を作り変えよう

「もっと積極的になりなさい」「強く生きよ」「ありのままの自分を受け入れれば幸せになれる」……

この本には、消極的な人によくかけられる、正論だけど、わかってるんだけど、それができないからこうして苦しんでいるんでしょうとでも言い返したくなるような、ただ耳に痛いだけの説教のような言葉はありません。このような言葉をかけて相手に変化を求めるのは、足をケガして困っている人に「もっと早く歩きなさい」とでも言っているようなものではないでしょうか。ときにはそのような厳しさが求められることもあると思いますが、それはその状態が「治る」ものだと信じられることが前提です。

私たちは、誰でも不自由なく利用できるように、と意図して作られた施設や製品のように、消極的なままでも不自由なく他の人たちと同じように生きていけるような環境を整えていくことに目を向けるべきだと呼びかけます。真っ先に変えるべきは、自分でもなく、他人でも世の中でもなく、それを取り巻く環境なのだと。いわば「消極性のユニバーサルデザイン」です。

ここでいう「環境を変える」とは、他の環境に移るということではなく、環境を作り変えることを指します。

この本を通して見てきたように、私たちの心の中には、人それぞれ異なるさまざまな形をした消極性があり、私たちを取り巻く環境の中には、他の人たちには意識されることもないくらいのちょっとしたことなのに、自分には厳然と立ちはだかってくる壁のようなものがあちこちに潜んでいます。みなさんもこの本を読んでいて「あるある！」と思った部分、「あるかな？」と思った部分、どちらもあったと思います。消極的だと思われたくないと思っている人が多いせいで気が付きにくいかもしれませんが、あなたにとっては何でもないことで悩んでいる人が大勢いるはずです。

「もっと消極的になる」ということは、人がどこでつまずきやすく、どういうときに立ち往生してしまうのか、身のまわりの環境の中で障害となりそうな、改められるべき点に気が付くことができるようになるということです。

誰もがデザイナーになれる

今までに気が付かなかったことに気が付けるようになっただけでも十分大きな進歩だと言えますが、それだけでは私たちの身のまわりの環境はバリアフリーになりません。私たちは、見つかった身のまわりの問題の一つひとつを、実直に解決していくデザインとハックの心構えを持とうと呼びかけます。

デザインとは、見た目を美しくすることだけではなく、工夫や仕掛けを施すハックによって人が直面している問題を解決することがその本質です。直接的に問題を解決するばかりではなく、見過ごされてしまいやすい問題の存在に光を当て、あまりに解決が難しそうな問題へ別の視点を提示するような仕掛けを施すことも、またある種のハックと言えるでしょう。

私たちが解決すべき問題は、環境問題、人権問題、貧困問題……のように大きな問題に限りません。消極性から生じるコミュ障や三日坊主、その他の身近な問題を過小評価するのはやめましょう。身近な問題は毎日のことであり、みんなのことでもあるので、解決することができれば、ちりも積もってとても大きな意味を持ちえます。

仕事をするにも遊ぶにも、コミュニケーションにも創作活動にも、パソコンやスマートフォンが欠かせない環境の中でデザインや問題解決を志すのであれば、環境を自在に作り変えることができる力を与えてくれるプログラミングを中心とした情報科学分野の技能は重要になってきます。３ＤプリンタやＡＲ（拡張現実）技術が普及するなど、情報科学の技術がますます現実に大きな存在感で食い込んでくる、これからの世界ではなおさらのことでしょう。私たち情報科学分野の研究者が消極性研究会という旗印のもとに集まることになったのも決して偶然ではありません。

大げさに聞こえるかもしれませんが、自分で環境を望むようにできる力があれば、自分の意志のとおりになるという意味において、環境も自分の一部であり、環境を作り変えることは自分を変えることとほぼ同義です。この意味で私たちの主張は、高度に自己啓発的であると考えることもできます。

「プログラミングみたいな難しいことは自分ができなくても誰か他の人にやってもらえばいいじゃないか」と他人任せに考えることは、この場合あまりお勧めできません。消極性の形も、それによって生じる問題も人それぞれで、それに対する解決策もケースバイケースに考えなければならないとき、誰しもまずは自分の身近な問題に向き合わざるを得ないからです。

もちろん、他人任せにさえしなければ、技能を持っていなくてもできること、始められることはあります。プログラミングというのは突き詰めると、「こういうときはこうする」というルールのようなものを必要なだけ事前に決めておくと、コンピュータが審判のように忠実にルールを再現してくれるというようなものです。誰かがコンピュータの代わりに審判役を引き受けてくれれば、プログラムを

ハック後

- 相手の暴力を原動力として「お返し」する
- 性能の悪い人工知能の暴発を装う
- 自分のつらい感覚を軽減する防御策を講じる
- 防御している事実を相手へ伝える度合いを調整できる

- 初心者から上級者まで楽しめるデザイン
- デザインで伝えるメッセージ
- 匿名の小さな善意を集めるデザイン

- 「○○ってみた」文化
- 相手の創造性を侵食しないコラボ文化

- 技能に合わせて
ゲームの難易度が作られ常に楽しめる
- ストレスなく生きる方法を共有して生きる

- 使おうとしやすいデザイン

図1 シャイハックまとめ

書かなくても同じ世界を体験できることがあります。夕食の席をみんなの希望通りになるように幹事の人が決めるとか、自分が誰よりも活躍できる新しいスポーツを考えるとか……。アイデア次第で可能性はいくらでも広がります。実際に人が審判役をするのはなかなか大変ですし、人間の意志が関わってしまうとうまくルールを再現できないことも多いですが、手軽にいろいろなルールを試すことができるのは魅力的です。

「どういうときにどうするルールがあるべきなのか」と日頃から考えることは、後々、デザインの習熟にも、プログラミングの習熟にも大いに役立つはずです。

さらに、積極的な人たちを主なターゲットとしてビジネスを行い、サービスを企画して

	ハック前
少人数コミュニケーション 第1章「やめて」とあなたに言えなくて	●きつく言い返しすぎることを恐れる ●言って逆ギレされることを恐れる ●じっと耐える ●耐えている様子が相手に伝わってしまう
多人数コミュニケーション 第2章 考えすぎを考えすぎよう	●使うと恥ずかしい初心者用デザイン ●メッセージで伝えるデザイン ●ヒーローの活躍に期待するデザイン
コラボレーション 第3章 共創の輪は「自分勝手」で広がる」	●「○○しました」文化 ●根回し文化
モチベーションとゲームデザイン 第4章 スキル向上に消極的なユーザのためのゲームシステム	●技能に合わせて楽しめるゲームの難易度を選ばされる ●誰かの作ったルールの中で生きる
モチベーションとHCI 第5章 モチベーションのインタラクションデザイン	●使いやすいデザイン

きた人たちが、このような問題解決の心構えを養い、日常的に実践することができれば、既存のシステムやサービスをみんなが心地よく使えるように改善する方法を思いつくだけでなく、これまで見過ごされてきた消極的なターゲット層を発掘する魅力的なビジネスやサービスのアイデアにもつながることでしょう（ただし、くれぐれも「消極的な人向けのサービスです！」などと大々的に宣伝されることのないようにお願いいたします）。

最後に今一度、私たちのハックをまとめて振り返ってみましょう（**図1**）。実にさまざまな「自分の問題」に対して、自分で解決しようとしてきた痕跡から学び取るべきデザイン論が、ここに凝縮されています。消極性に悩んでいる人も、積極的にみんなを盛り上げたい人も、プログラミングが得意な人もそうでない人も、今までとは一味違う新しいサービスや製品のアイデアを探している人も、これを参考にしてシャイハックの精神を取り入れたデザイナーへの第一歩を踏み出すことができるでしょう。

ファッションデザイナーのように華々しく脚光を浴びることはイメージしづらいかもしれませんが、日常に潜む消極性の問題を解決するデザイナーがじわじわと世の中に増え、人知れず、それこそ消極的に、人々を少しずつ幸せにしていくようになることを私たちは願っています。

消極的な人よ、声を上げよ。……いや、上げなくてよい。

なお、本書で私たちの活動に興味を持たれたら、ぜひ私たちのウェブサイトもご覧ください。

消極性研究会サイト：

http://sigshy.org

座談：使えないのは人間ではなく、デザインが悪い

本書は五名による共著だが、個々にそれぞれ自身の研究を語ってもらうという形で、一同に会して著したものではない。そこで、ここでは著者全員で、本書で扱った「シャイ」、そして「シャイハック」として伝えたかったことを改めて語ってもらった。

煩悩の世紀

栗原：話題提供として、『考えない練習』（小池龍之介著、小学館文庫、二〇一二年）という本を紹介したいです。なぜそれがシャイやシャイハックであることに関係するのかというと、モチベーションとコミュニケーションに関するこれからのものづくりのデザインは、「煩悩」をどうするかという話に近づいていくんじゃないかなという予感があるんです。この本を読んで、瞑想についての実践的な効用を感じたんですね。なんという古典的かつ有効なシャイハックだろうと。

積極的であることについて、ちょっとくらいはうらやましい、体験できるならしてみたいという気持ちが生まれるのは、別にそれは悪いことじゃない。ただ、そこに至るまでの道がいまはウェーイ系しかなくて、それに自分がなじまないために劣等感を感じてしまっている。ウェーイは幸せへの一つのベクトルの向きであることは間違いないんですが、そこ

へ至る道がウェーイな道しかないのはいかがなものか。深く考えるな、弱肉強食だ、そんなんじゃ甘い、人を騙してでものし上がれ的なものしかないと、そこまでしなくても……と思ってしまいます。
自分の欲望をどう抑えるか、他人に感じた嫉妬にどう折り合いをつけるか、そして常に積極的ではいられないことにどう対処するか。これらは現代で非常に重要になっていると思います。本書では、特に渡邊さんの章を読んで、すごく共感しました。弱い自分との向き合い方について雄弁に語っていただけた。これをもし研究という形で示すとなると、とても難しいんですよね。本を書くというのは、研究よりもそういうことが語りやすくていいなと、今回思いました。

渡邊：インターネットって嫉妬が起きちゃうんですよね。なんか、インターネットって嫉妬じゃないですか？　Twitterで変わったかもしれないですけど、暗いことを書くか、楽しいことを書くかしかなくて。何らかのコミュニケーションを目的としているわけではないんですが、なんか忙しいとつぶやく。リアクションが欲しい、わかってもらいたいという思いであったり、あるいは、楽しかったことを書いて共有したい、ということだったり。どっちも寂しい感じなんですけど。

簗瀬：やっぱりネットというか、短い文字コミュニケーションって、書いてある以上のことを勝手に読み取ってしまう。出力した量より、返ってくるリアクション、感情の総量のほうが大きい。だから炎上させて楽しむ人とかがいるわけです。

栗原：嫉妬は避けられない。何らかの形で情報社会に接することによって、否が応にも感じてしまう負の自分とどう折り合いをつけていくか。嫉妬や自慢、怒り悲しみなどのいわゆる「煩悩」への対処って、要するに「煩悩ハック」ですね。

SNSにおける嫉妬の分析とか、Twitter上のネガティブ表現を文字変換によってマイルドにして、タイムラインから受ける気持ちをやわらげる研究とか、そういう研究もちょいちょい私たちの業界では出てきています。このムーブメント、今後注目すべきだと思うんです。私もそういう研究をやりたいんですけど、自分の内面と向き合うというのは研究としては非常にやりにくいんです。普遍的なことなの？　どう評価実験するの？　という話になってくる。所詮、自分一人ひとりの問題です、みたいになってしまうから。

「ウェーイ」とは何か。そして「シャイハック」とは何か。

西田：ウェーイが結局なんなのか、よくわからないです。そんなに楽しいものですか？　僕が思うに、それは一過性の楽しさ、消費される楽しさであって、そんなに魅力を感じなくて。がんばった後に、一緒にがんばった人たちと打ち上げをするというのは楽しいですけど、なんでもないのに楽しいというのはそんなに楽しくないなとか思ってしまって。そういうのを楽しめているのを見ると不思議に近い。うらやましいとか、うらやましくない以前に不思議。

我々がごはんを食べておいしかったというのと同じようなことなのかなっていう。元気になるんだろうと思うんです。土曜日とか日曜日にみんなで遊びにいくと元気になって次の日がんばれる。僕は、土曜とか日曜にそんなことしたら疲れて月曜日から仕事がはかどらない。そのへんはきっと人によって違うんだろうな。お互いに違うということを知らないのが不幸。知っているとだいぶ違うんだろうと思います。

築瀬：本当にウェーイしかないのか、僕はそこに疑問を持っていて。実は到達可能なものは手の届くところにちゃんとあるんだけれども、うまく入れないという可能性を否定するためにウェーイしかないということにしていませんか、という……。一番大げさな嫌な感じのものをやり玉にあげることによって、自分のまわりにはないんだと主張をするためにウェーイが使われているような気がします。

栗原：なるほど。理想的な仮想敵なんですね。

築瀬：これは僕の誕生日ハックと同じで、理想的なものが手に入らないから敵ということにして遠ざけてしまおうということではないかと思います。ウェーイはわかりやすいけど、現実はもうちょっと微妙なところがある。コミュニケーションとかすごくいろいろ考えなければならない繊細な部分がたくさんある。ウェーイを敵にすることで、ウェーイだから俺たちには無理と、繊細な試みをすることを遠ざけているのではないか。

栗原：それは、本書でも言っているように、デザインによってなんとかできる部分もあるんじゃないかと。

築瀬：シャイハックはまさに、一つのメソッドを提示する、一つの風穴を開けた、〇と一の間に一つのやり方を作ろうという試みだと思います。別に世の中の一般的な方法ではないけれど、道は無数にある。でも、ケースバイケースすぎるから、共通の何かで道を作ろうというのがシャイハック。

あえて言うなら、私は自分の行動の意図を勝手に読まれるのがすごく嫌いなんです。今回、この本でこういうシャイハックを公開してしまったことで、「それ、シャイハックですね」って言われることが増えそうでそれを危惧しています。コンテンツを作るときはそういう思い込みをうまく使いたいんですが、日常生活では一切起こってほしくないので。これを読んだ人はそういう勘ぐりはやめてください（笑）。

ただ、この本を書くモチベーションとしては、そういうストレスの持ち方をする人間がいて、いろいろな工夫をしているということを知ってほしいというのはあります。自分の日常生活を護る、という意味ではカミングアウトしないほうが安全なわけです。言わない、触れない、干渉しないことによって、お互い傷つかないことがある。僕は自分の誕生日は誰にも教えませんが、他人が誕生日を祝うことは否定しないし、誕生日会に行ったりプレゼントを渡したりはします。が、こういうのを「察して」というのはまた無理な話です。だからこそ書いています。

ＳＮＳでは何でも情報発信しようとする、共有しようとするけれど、ケースバイケースで、掘り下げて考えなければならないと思うんです。みんなとつながるのが本当にいいことなのか、情報が広く世の中に知られることがいいことなのか、システムとかサービスを作る人は本当に考えなければならないなと思います。

「消極性、悪くないよ」だけで、この本は終わっていないか？

栗原：今回みんなで集まって本を書きました。読者のみなさんの共感が得られたらなと思います。タイトルにもなっているように「声をあげよ、いやあげなくてもいい」ので、じわじわと共感が広がってほしいと思います。ただ、そのあとどうやって共感の輪の広がりをお互いに感じられるようにしていくかは考えなきゃなと思っています。
西田さんが書いてくれたように、匿名の善意を集めるというのは確かにそのとおりだなと思う。ただそれは本当にうまくデザインしなければ可視化が難しいことだと思うのです。「俺たち、通じ合っているぜ」というのをより大きな輪にしていく。社会のいろいろな場所に施されたよいデザインを、統合するような「つながり」をさらにデザインできないかなと。いろいろな局面で「シャイハックしているよ」と通じ合えて、世の中がより良くなっていく。それがどういう形態なのか？　シャイハックを投稿するようなサイトなのか、シャイな人同士がすれ違うとピコーンと鳴るようなデバイスなのか、わからないですが。自分の日々の中で取り組むということは本の中で書きましたが、合言葉みたいなものがあるといいなと。我々の新たなスタートとして、「人が実際に集まって一体感を感じる」（という旧来の仕組み）以外の何かを考えないければいけない。

西田：消極性、シャイハックというのは、デザインとか問題解決の演習として、非常にちょうどよい題材になるのではないかなと思います。デザインとか問題解決というと、すごく高尚な感じがしたり、使える感じがしたり。そういう印象があるのを、ぐっと身近なところに持ってこれたのであれば、この本を書いてよかったなと思います。

国際文化学部というところにいるせいか、最近グローバルイシューとよく言われるんですが、そんなに大きなことばかり考えていても何も解決できないんじゃないかって思うんです。一人ひとりが身近な問題を解決していきたいと考えて、それが集まった先にそういう大きな問題の解決があるんじゃないか。何でもかんでもみんな短絡的に考えすぎているのではないかなと思います。イノベーションといっても、身近なことを一つひとつやっていく先にそういうものがあるんじゃないか。身近な自分の悩みみたいなもの、そこを考えていく先にもっと大きな問題があるのではないかと思います。

僕の中で積極的と短絡的が「考えないこと」としてセットになっているんですよ。消極的と「よく考えること」がその対応で。本の中ではシャイハックに限定して消極的な人が活躍できるよと書きましたが、本当はもっと全方位的に活躍できるんじゃないかという気がしています。

濱崎：こういうネガティブになりがちなものをポジティブにとらえたものが集まったというのはすごくいいと思います。Aをやるには B をやらなければならないということは現実世界に多い。でも、B、C までやるほど動機がない、ということも多かったわけです。個々人の持っているタスクは A の問題解決までできる、けれど現実世界の仕組みでは A をやるなら B も C も一緒に、というくっつけられ方をしているので、結果的に A の解決に力を発揮できるはずだったのにそのチャンスがない。そのときに、B も C もやる強い動機のある人、B や C の苦手要因に気を止めないような、できる強さのある人が上に立ってしまう。そういうことが現実世界では多々あるのかなと思います。それが、情報環境などがきちんと設計され、AとBとCのタスクがちゃんと分離できるようになれば、それぞれが持っている力を十全に発揮できるようになるのかな。それができるのが情報システムであり、デザイン。それによってできる可能性がある。そこがおもしろいと思うので。A、B、Cの一つしか解けない人がもっと出てくるようなデザインがもっともっと出てくるといいのかな。もともと話していたのは、ソーシャルメディアとか社会的インタラクションのところをシステムがサポートするということは、社会的行為に対するケアが当然必要だということです。物理的なもののデザインなら物理的なケアが必要なように。認知的なデザインなら、弱視や色盲の人に見やすいような認知的なケアをするように、社会的行為に対してある苦手意識を持っている人たちをケアした設計が当然あるべきだろうと。残念ながらいま、コミュニケーションだけだとつながれば後はよろしく的になりがちなところがあるので、そこを汲んだデザインのサンプル例が載っているのがこの本だと思うので、このあとポンポンできてくるとおもしろいのかなと思います。

渡邉：そういう意味で他の章を読むと、全体的な感想としては、「ああ、そんな発想しちゃっていいいんだ」という感じがあって、しかもおもしろい。私の章でいえば、コミュニケーションの話ではないんですが、書いてみて思うのはあまり積極的でない人、消極的な人をサービスの設計時にどう扱えばいいか、いいペルソナができたんじゃないかと思います。ユーザー像の手がかりになるんじゃないかと。「見るテレビから使うテレビへ」とか、コンピュータに対しても、何でもインタラクティブと言われた時期があって、何でもかんでも人に操作させようという流れがある中で、私は研究として能動性・受動性というのを取り扱ってきて、個人的には受動的なインタラクションを模索してきたという経緯があります。そんな中、人間の消極性に興味があり、環境に依存して生きるという生き方をしているので、そういうノウハウが共有できたらいいなっていうのが、まずあります。インタフェースの研究をしながらも、自分がものを買ったりするとき、そもそも自分がそんなに積極的に「努力しなくても物事がうまくいく」ように、環境のほうに時間やお金をかけたりすることで暮らしているので。そういうノウハウ、設計にも必要な話だよね、ということをうまくまとめたかった。僕はめんどくさがりなんですが、やる気がないのを自分のせいにしない、すべて環境のせいであると割り切って考える。それって生き方として楽で、それを自分は実践しています。

震災後に「日本人が明るい」と海外メディアで報道されていたんですが、それは日本人は「自然には勝てない、天災に対して仕方がない」という感覚があるからではないかと思う。西洋では人間の力が絶対で、制御したいと考える。一方日本人の、自然の中にうまく融け込んでいくという精神、その辺の流れとギブソンの生態学的視覚論の「能力は自分の所有物のように感じているが、意外と環境の設計次第でいかようにでも変わる」という話を伝えたかった。デザインで解決しようというのはまさにそれなので。

インタフェースの研究者は「使えないのは人間が悪いんじゃなくて、環境に問題があるからだ」と考えるんですよ。使いにくいのが人間のせいというのはそもそもおかしいという原理で動くので。であれば、コミュニケーションが取りにくいというのも、(自分の意思でコントロールすべきものかもしれないけど)インタフェースの原理「使えないのは人間ではなくデザインが悪い」として考えれば、意外に解決できることは多くあるということを示していると思います。うまくいかなかったら環境を変えてみましょう、と。

西田：僕はもっと積極性をDisりたかったな。悩んでいると「優柔不断」と悪く言う風潮に対し、もっと考えろと言いたい。ウェーイが嫌いな理由もそういうこと。考えないことへの嫌悪感なのかもしれません。
消極性の良い面悪い面、積極性の良い面悪い面をきちんととらえていただければ……。良い積極性と悪い積極性がある。良い積極性は悪い積極性以外なんですが、悪い積極性は「ずるい」「目的のためには手段を択ばない姿勢」。たとえば、ポケモンGoをやるときにルール違反のアプリや行動を取る。本当に悪い行為は法律で取り締まられるが、モラルでしか規程されないものは取り除けない。ナンパなんかも典型的な悪い積極性で、実力を磨くことにその積極性を使ったほうが世のため人のためになりますよね。実力がないことをコミュ力があるなどとごまかすために消極性を否定するのは、とばっちりもいいところだと思います。一足飛び、短絡的に、答えを求めようとする姿勢、熟慮に欠けた勇み足を、（肯定的な意味での）積極性と勘違いしている。

栗原：「悪い消極性」というのもありますよね。内向きの思考になることによって心身が疲れたり、病んだりするのはよくない。熟慮は生きる力・活かす力に変えるべきであって、熟慮が自分に苦しめる方向に向いてはいけないと思います。
それにしても、「目には目を」とかささくれ立っていた私を「積極的な人も大切で共存しよう」と諭してくれた西田さんからの積極性Ｄｉｓ宣言！　まさかのどんでん返しで若干困惑してますが……。まあでも、我々は常に「言い過ぎたかな？　言い足りないかな？」とか考えるバランス感覚と議論の余地を残してるってことですね。熟慮を推しつつ、今回『考えない練習』を取り上げたのも、今思えば私なりのバランス感覚だったのかな。

シャイ子とレイ子 ●● #the final

この対談から、「ウェーイ」な匂いがするんですが、気のせいか……。

いやいやいや。本当のウェーイは「最近どう？」「最近？　楽しいよ！」「ウェーイ！」だから、全然違うよ！

レイ子ちゃん、もしかしてそれは高度な自虐……なの？　まぁ、他でもない消極性の対談だから盛り上がっているだけ、ということにしておきますｗ

著者紹介

栗原 一貴（くりはら かずたか）
津田塾大学学芸学部情報科学科准教授、Diverse技術研究所上席研究員。
物議を醸すシステム開発を得意とする情報科学者。2012 Ig Nobel Prize winner。
多感な青春の日々を男子校と硬派体育会系で純粋培養させた彼は、もはや消極性研究者としての宿命から逃れることを許されなかった。それから幾星霜。何の因果か"秘境の女子大"こと津田塾大学でリケジョ育成に邁進中。
Twitter : @qurihara
Website : http://unryu.org

西田 健志（にしだ たけし）
神戸大学国際文化学研究科准教授。
アメリカ帰りの帰国子女というウェーイ中のウェーイな経歴を持ちながらもその後、中高一貫の男子校、大学の理系学部という恵まれた環境を経て、消極性の力に目覚める。現在は国際系学部のキラキラした学生を相手に消極性の伝道者として奮闘する日々。専門はインタラクションデザイン、特にコミュニケーションシステムの研究に従事。
Twitter : @takeshi_nishida
Website : http://www2.kobe-u.ac.jp/~tnishida/index-jp.html

濱崎 雅弘（はまさき まさひろ）
産業技術総合研究所主任研究員。
どちらかというと積極的なサイドの人種だが、消極的サイドへの深い愛情と知的好奇心が尽きない知の鉄人。魑魅魍魎の跋扈する消極性研究会における女房役、そして理性の要。ニコニコ動画における二次創作文化の解析など、コミュニティデザイン研究に興味を持つ。
Twitter : @hamham
Website : http://songrium.jp

簗瀬 洋平（やなせ ようへい）
Unity Technologies Japan プロダクト・エヴァンジェリスト／教育リード。
慶應義塾大学メディアデザイン研究科付属メディアデザイン研究所／リサーチャー。
無限に歩けるバーチャルリアリティシステムや超人スポーツ、「誰でも神プレイ」シリーズなど錯覚とゲーム開発の知見を駆使して人を動かすシステムを研究。子供の頃から想定外の事態が起こるのが嫌いで、カプセルトイやおまけ付き菓子などを一切買ったことがなく、ストレス最小生活を心がけているという。
Twitter : @yoh7686
Website : http://bit.ly/yanace

渡邊 恵太（わたなべ けいた）
明治大学総合数理学部先端メディアサイエンス学科准教授。
インタラクションデザイン業界の貴公子。『融けるデザイン』著者。根っからのシャイであるにもかかわらず、その洗練されたデザインの世界観に魅了される人々は後を絶たず、カリスマとして祀り上げられてしまう日々に困惑している。最高にモテフラグが立っているのに、本人には全く自覚がないのが彼らしい。
Twitter : @100kw
Webdite : http://www.persistent.org/

消極性デザイン宣言
——消極的な人よ、声を上げよ。……いや、上げなくてよい。

二〇一六年一〇月二四日　初版第一刷発行

著者　消極性研究会：
栗原 一貴／西田 健志／濱崎 雅弘／簗瀬 洋平／渡邊 恵太

発行人　上原 哲郎
発行所　株式会社ビー・エヌ・エヌ新社
〒一五〇—〇〇二二
東京都渋谷区恵比寿南一丁目二〇番六号
メール　info@bnn.co.jp
ファックス　〇三—五七二五—一五一一
http://www.bnn.co.jp/

印刷・製本　シナノ印刷株式会社

イラスト　小野 ほりでい
装丁・本文デザイン・DTP　Pocket Beat Graphics
編集　大内 孝子

ISBN978-4-8025-1030-1

Printed in Japan